Ideas and techniques
for table coordination

테이블 코디네이트의
아이디어와 기술

Yuko Hama 지음

/

용동희 옮김

GREENCOOK

지금까지 테이블 코디네이트와 관련된 책을 많이 출판했습니다. 이번 책의 기획은 지금까지와는 관점이 다른, 테이블 코디네이트를 가능하게 하는 아이디어와 기술을 체계화한 것입니다. 노하우가 담긴 방법을 알기 쉽게 정리하는 것은 도전이기도 했습니다.

멋진 테이블 코디네이트를 하기 위해서는 어떤 요소가 필요할까요? 센스가 좋다, 트렌드에 민감하다, 훌륭한 식기 컬렉션이 있다⋯⋯. 이것들은 부가적인 요소로, 테이블 코디네이트도 확실한 지식과 기술이 있어야 성립됩니다. 다시 말해서, 지식과 기술을 갖고 있으면 누구나 멋진 테이블 연출을 할 수 있다는 것입니다.

누가 봐도 아름답고, 앉아서 식사하고 싶어지는 테이블 코디네이트에는 치밀한 구성과 이론이 있습니다. 이 책에서는 감성에만 의존하지 않고, 유행에 좌우되지 않으며, 어떤 시대에도 사용할 수 있는 테이블 코디네이트의 보편적인 이론과 기법, 노하우, 아이디어를 시각효과의 관점에서 체계적으로 설명합니다. 서양식 코디네이트에 필요한 기본적인 지식과 함께, 오랜 실전 경험에서 얻은 실제 코디네이트에서 효과를 발휘하는 「10가지 규칙」과 아이디어의 흐름에 대해서도 소개합니다.

아름다운 비주얼과 함께, 10년이 지나도 퇴색되지 않는 지식과 기법을 배울 수 있는 한 권의 책이라는 생각으로 제작하였습니다.

이 책이 여러분의 테이블 코디네이트에 힌트가 될 수 있다면 정말 행복할 것 같습니다.

하마 유코

CONTENTS

Ideas and techniques
for table coordination

Prologue 002

칼럼

Chapter 1 — 테이블 코디네이트의 아이디어와 관점

테이블 코디네이트란

아이디어와 관점

Chapter 2 — 시각효과를 고려한 테이블 코디네이트의 기초 지식

필요한 아이템

테이블플라워

테이블 세팅의 기본

Chapter

1

테이블 코디네이트의
아이디어와 관점

Table
Coordination

Chapter1에서는 테이블 코디네이트란 무엇인가와 테이블 코디네이트를 구성할 때 어떤 아이디어와 관점이 있는지를 소개한다.

「테이블 코디네이트란」에서는 비슷한 용어인 테이블 스타일링과 테이블 데코레이트, 디스플레이 등과의 차이, 테이블 세팅의 역사, 테이블 코디네이트의 정의와 진행방법에 대해 설명한다.

「아이디어와 관점」에서는 이미지, 계절, 상황, 격식과 양식(스타일), 이 4가지에 따른 아이디어와 관점을 소개한다. 이미지, 계절, 상황에 관해서는 색상 사용 및 아이템 선택의 힌트에 대해서, 격식과 양식에 관해서는 프랑스의 리모주(Limoges) 자기 「베르나르도(Bernardaud)」의 플레이트를 예로 설명한다.

테이블 코디네이트란

● 테이블 코디네이트와 관련 있는 용어에 대해 알고,
테이블 코디네이트의 본래 의미와 역할을 이해한다.

「테이블 코디네이트」란 용어가 일반적으로 많이 알려지고 있는데, 구체적으로 무엇을 의미할까? 이미지로 대강 이해할 수 있지만, 명확하게 설명하려면 조금 어려울 수도 있다. 여기서는 테이블 코디네이트란 본래 무엇인가에 대해 다시 설명한다.

테이블 코디네이트라는 말은 사실 해외에서는 통하지 않는다. 이것은 테이블 코디네이트의 선구자인 고(故) 구니에다 야스에가 고안한 일본식 영어이다. 유럽과 미국에서는 「테이블 세팅」 또는 「테이블 데코레이트」라고 한다. 또한 한국과 일본에서 테이블 코디네이터라고 불리는 직업은 해외에서 데코레이터 또는 플래너라고 부른다.

넓은 의미의 테이블 코디네이트

최근에는 테이블 스타일링, 테이블 디스플레이, 테이블 데코레이트, 테이블 세팅을 통틀어서 넓은 의미로 테이블 코디네이트를 해석하는 경향이 있다. 각각에 대해서 나름의 견해를 포함하여 설명하려고 한다.

테이블 스타일링(Table Styling)의 「스타일링」은 「스타일」의

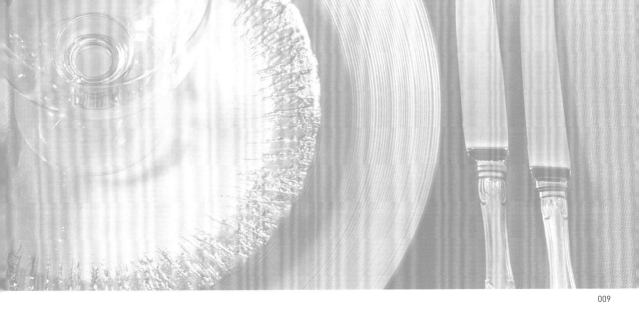

파생어로 「스타일을 만든다」라는 의미이다. 본래의 형태를 수정하여 보는 이에게 효과적으로 전달될 수 있도록 정리하는 것을 말한다. 예를 들어, 요리 사진으로 매운맛을 표현하기 위해 실제보다 고추를 더 많이 토핑하거나, 요리의 뜨거운 느낌을 표현하기 위해 증기를 만들어 김을 내기도 한다. 테이블 스타일링도 마찬가지다. 멋있게 보이도록 플레이트와 아이템의 배치를 조정하거나, 냅킨을 일부러 흐트러뜨리거나, 사람의 동적인 움직임을 더하기도 한다.

테이블 디스플레이(Table Display)의 「디스플레이」는 「진열하다, 전시하다」라는 의미가 있다. 상품 등을 효과적으로 배치하는 것이지만, 실제 업무에서는 선반 만들기에서 진열, 연출까지 하는 것을 의미한다(내용과 디스플레이의 예는 P.202에서 설명).

테이블 데코레이트(Table Decorate)는 디스플레이와 공통된 부분이 있다. 백화점이나 브랜드숍 등에서는 매장이나 쇼윈도 장식을 담당하는 사람을 데코레이터라고 부른다. 기업의 영업방침이나 판촉활동의 일부분으로 마케팅 기획에 따라 장식을 하는 담당자라고 하는 편이 맞다. 또는, 식사가 목적이 아니라 엔터테인먼트성이나 예술성을 추구하는 테이블도 테이블 데코레이트로 분류된다.

테이블 세팅(Table Setting)은 식사를 하기 위해 필요한 식기류나 커틀러리(나이프·포크 등), 글라스류를 규칙에 따라 진열하는 것을 말한다. 일본식, 서양식, 중식의 세팅 방법은 다르지만, 요점은 식사를 편하게 하기 위한 것으로 동일하다. 예를 들어, 커틀러리나 글라스를 놓는 순서는 잡기 쉽게 제공하는 요리 순서로 놓여진다.

지금까지 설명한 4가지 중에서 테이블 코디네이트와 가장 밀접한 관련은 테이블 세팅이다. 그 역사를 간단히 설명한다.

테이블 세팅의 역사

지금과 같은 테이블 세팅의 원형이 만들어진 시기는 18세기 말이다. 유럽에서는 중세가 시작되기 전까지만 해도 왕후와 귀족들조차 식사를 손으로 집어 먹었다. 수렵민족이 손으로 식사를 하던 시대에도 칼은 필요했지만, 고기를 자른다기보다는 찌르는 형태였다.

시대가 변화하면서 칼은 지금과 같은 테이블 나이프로 바뀌었다. 포크는 중동에서 이탈리아, 프랑스로 전해졌다. 모양도 끝이 2갈래에서 3갈래로, 그리고 지금의 4갈래로 바뀌었다. 스푼이 코스에 들어간 것은 17세기 말 수프 전용의 깊은 식기가 만들어지면서부터이다. 이러한 역사 속에서 요리나 식기의 종류가 늘어나고 테이블이 다채로워지면서 필요해진 것은, 「아름답고 먹기 좋은」 상태로 정돈하는 것이었다. 그래서 생긴 것이 테이블 매너이며, 그 토대가 된 것이 테이블 세팅이다.

유럽에는 각 시대에 유행했던 스타일의 세팅이 있다. 프랑스식, 영국식 등 각국의 식문화를 둘러싼 역사적, 문화적 배경에 따라 커틀러리를 놓는 방법이나 빵접시의 위치 등이 다르다. 또한, 만찬회 등 프로토콜(국제의례)을 기준으로 하는 테이블 세팅도 있다. 일본에서 나이프나 포크로 식사를 하게 된 때는 1872년부터이다. 궁중의 예제가 서양식으로 정해지고, 정식 만찬이 서양식이 되면서부터이다.

식공간을 연출하는 테이블 코디네이트

테이블 코디네이트는 각 스타일의 테이블 세팅을 이해한 다음, 다양한 테이블웨어(동양·서양 식기, 글라스, 커틀러리, 테이블 리넨류, 피규어 등)를 조합해 식공간 전체를 만들어내는 것이다. 식사를 맛있게, 즐겁게, 편안하게 하기 위해서 디자인(색, 형태, 소재)을 하고, 테이블과 그것을 둘러싼 식공간을 연출한다.

주택에 비유한다면 테이블 코디네이트는 기획·설계, 테이블 세팅은 시행에 해당한다. 두 가지가 공존해야 테이블이 성립된다. 테이블에 둘러앉은 사람들이 시각은 물론 청각, 촉각, 후각, 미각의 오감으로 즐기며, 함께하는 행복한 시간이 좋은 추억으로 남길 바란다. 그 전제는 창의성을 발휘해 대접하려는 마음이다. 테이블 코디네이트는 대접하려는 마음을 구현하는 것이라고 해도 좋다.

테이블 코디네이트의 진행방식

테이블 코디네이트에서는 Who(누가), With Whom(누구와), Why(왜 / 무엇을 위해), Where(어디서), When(언제), What(무엇을), How(어떻게) 등 「6W1H」를 구성해야 틀이 만들어진다. 직업인 경우에는 How Much(예산)도 추가되어, 예산 안에서 충분한 효과를 거둘 수 있는 테이블 코디네이트 능력이 요구된다.

틀이 만들어지면, 상황이나 이미지에 따라 구체적으로 장소 설정에 맞는 테이블웨어를 선택해 나간다. 테이블을 장식하는 계절의 꽃과 대화의 소재가 되는 피규어, 소통을 원활하게 할 수 있는 공통된 연결고리를 곳곳에 만든다. 캔들 등을 이용한 조명이나 공간의 습도·온도·냄새, BGM 등, 공간 전체의 구도와 조화를 계획한다. 요리도 알레르기 확인은 물론 손님의 나이·성별·기호도 고려하여 코디네이트의 취지, 식기에 어울리는 것을 기획한다. 주방에서 테이블까지의 동선에 대한 배려 역시 중요하다. 손님을 맞이하고 배웅하기까지의 시간 경과도 계획하여 기승전결, 강약이 있는 시간계획표를 짠다.

테이블 코디네이트는 기술과 지식을 갖추고 있으면 이미지에 맞는 멋진 테이블을 확실하게 만들 수 있다. 하지만 마지막에 더하는 양념은 「사람 됨됨이」이다. 인간성, 가치관, 미적감각, 경험치가 얽혀 「감성」이 된다. 그렇기 때문에 저마다의 개성, 재미, 즐거움은 끝이 없다.

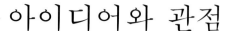

아이디어와 관점

이미지를 분석한다

테이블 코디네이트는 목표로 하는 이미지를 꽃, 식기, 테이블 웨어, 냅킨 등을 사용해 실현한다. 이때, 각 이미지가 지닌 색상이나 소재 등을 이해하고 설득력 있는 제안을 하는 것이 중요하다. 이를 위해 도움이 되는 아래의 이미지 스케일(Image Scale)을 살펴보자.

이미지 스케일은 (주)일본 컬러디자인연구소(NCD)가 색채심리 연구로 고안하고 개발하였다. WARM(따뜻함) / COOL(차가움)을 가로축으로, SOFT(부드러움) / HARD(단단함)를 세로축으로 하여 2개의 축을 구성하고, 16가지 이미지를 배치한다. 이미지 스케일 위에는 단색, 배색, 언어 외에 형태, 소재, 무늬, 꽃, 화기, 식기 등 구체적인 「사물」을 배치할 수 있다. 다양한 「사물」을 같은 스케일 위에 올려 비교하고 상대적인 위치를 패턴화하

면 각 이미지의 관계를 객관적, 논리적으로 설명할 수 있다. 말하자면 「감성의 잣대」가 되는 것이다. 상품구성 분석, 콘셉트 설정, 색채 계획까지 일관된 「이미지 연결」로 진행할 수 있기 때문에, 테이블 코디네이트에 한정하지 않고 인테리어, 매장설계, 상품개발, 그 밖에 이미지의 구조로 업종을 초월하여 폭넓게 활용된다.

색상 & 이미지를 이해하고 각각의 이미지에서 자주 사용하는 색상과 배색, 이미지를 나타내는 용어, 특징을 도입하면, 테이블 코디네이트에도 독단적이지 않은 설득력이 생기고 사람들에게 전달되기 쉬운 표현이 된다.

여기서는 16가지 분류 중 테이블 코디네이트에 널리 활용할 수 있는 12가지 이미지를 선택하여 설명한다.

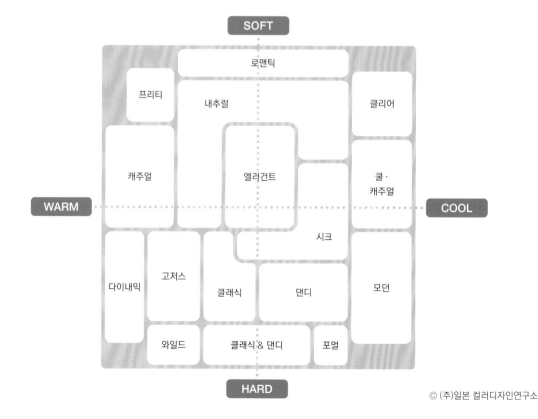

© (주)일본 컬러디자인연구소

프리티 PRETTY

이미지 스케일의 왼쪽 상단에 위치하며, 밝고 발랄하며 사랑스럽고 귀여운 이미지이다. 따뜻한 색 계열의 다색상 배색으로 밝은 톤을 사용해, 설렘과 명랑한 분위기를 표현한다.

캐주얼 CASUAL

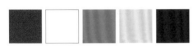

프리티 아래에 위치하며, 생기 넘치고 즐거우며 대중적인 이미지이다. 친근하고 활기찬 인상도 있다. 화려한 톤의 여러 색을 흰색과 조합하여 깔끔해 보이고, 대비가 생긴다. 규칙에 얽매이지 않고 자유롭게 표현할 수 있는 것이 캐주얼이다.

다이내믹 DYNAMIC

캐주얼 아래에 위치하며, 하드 영역에 속한다. 대담하고 에너지가 넘치며, 정열적이고 파워풀한 이미지이다. 계절로 말하자면 태양이 내리쬐는 여름의 이미지. 무늬가 큰 테이블클로스나 열대지역의 임팩트 있는 꽃을 사용하면 표현하기 쉽다.

고저스 GORGEOUS

다이내믹 옆에 위치하며, 클래식이나 엘리건트와도 인접해 있다. 품위 있고 화려하며, 우아한 장식의 이미지, 원숙하고 요염한 성인 여성의 이미지도 있다. 자주색이나 보라색 계열을 메인 컬러로 골드 등을 더해 화려하게 연출한다.

캐주얼

고저스

로맨틱 ROMANTIC

이미지 스케일의 세로축 맨 위, 소프트 영역에 위치하며, 풋풋하고 사랑스러운 이미지. 연분홍색이나 페퍼민트, 베이비블루 등의 파스텔 색상으로 배색하여 감미로운 부드러움을 표현한다. 연한 톤의 꽃무늬나 레이스, 프릴 등을 매치한다.

내추럴 NATURAL

로맨틱 아래에 위치하며, 8개의 이미지와 인접해 있다. 소박하고 온화하며 편안한 이미지. 마, 면, 나무, 등나무 등 자연 소재를 많이 사용하는 코디네이트에 적합하고, 연두색이나 베이지, 아이보리 계열을 중심으로 대비를 억제한 배색으로 한다.

엘리건트 ELEGANT

이미지 스케일의 중앙에 위치하며, 품격 있고 세련된 이미지. 광택이 나는 고급 소재나 고급 도자기 등을 사용해 성숙한 여성을 표현한다. 메인 컬러는 그레이시한 보라색. 자주색을 더하면 화려한 고저스, 보라색을 더하면 지적인 시크에 가까워진다.

시크 CHIC

엘리건트를 모던한 성향으로 만든 지적이고 세련미 있는 도시적인 이미지. 회색이나 그레이시한 톤을 사용해 잔잔한 톤 배색을 한다. 색상이 적은 만큼 소재는 고급스러운 것을 사용하면 성숙한 스마트함이 더해진다.

로맨틱

내추럴

클래식 CLASSIC

전통적인 고급스러움, 고품질의 위풍당당한 이미지. 금 장식과 장식적인 전통 문양, 스타일을 느낄 수 있는 식기를 조합하여 깊이감 있는 연출을 한다. 갈색 중심으로 와인색, 다홍색 등 진한 색을 사용하여 대비를 주지 않고 품위 있게 정리한다.

포멀 FORMAL

하드 영역으로 모던 옆에 위치한 가장 격식 높은 이미지. 중성색이나 진한 남색, 진한 보라색으로 배색한다. 클로스는 흰색 리넨의 다마스크 직물을 사용하고, 식기는 고급 자기, 커틀러리는 실버, 글라스는 커팅이 들어간 것 등을 선택한다.

클리어 CLEAR

이미지 스케일의 오른쪽 상단에 위치하며, 맑고 청량감이 있으며, 심플하고 깔끔한 이미지. 식기는 유리나 실버 소재를 사용하고, 식기를 돋보이게 하는 차가운 색 계열의 푸른색과 흰색으로 배색하여 청량감을 연출한다.

모던 MODERN

이미지 스케일의 오른쪽 하단에 위치하며, 현대적이고 쿨하며 샤프한 이미지. 중성적인 컬러에 악센트로 비비드한 톤을 더하면 강력한 코디네이트가 된다. 시대와 함께 트렌드 컬러는 달라지고 현대적 감각도 변화한다.

클리어

모던

계절을 생각한다

테이블에 둘러앉은 사람들의 공통 화제, 공유할 수 있는 것 중 하나가 바로 계절이다. 특히 사계절이 있는 지역에서는 예로부터 계절의 변화, 눈에 보이지 않는 계절의 흐름을 「기운」이나 「징조」로 느끼며, 자연을 사랑하고 존중하는 마음이 문화로 자리잡았다.

계절과 열두 달과 관련된 세시풍속이나 연중행사에는 행사 컬러와 행사 스타일이 있다. 서양식 테이블 코디네이트에도 각각의 계절을 표현하는 색의 사용, 제철재료, 요리, 식기, 꽃, 피규어 등이 있다. 이것들을 능숙하고 균형 있게 사용해 코디네이트하면 공감할 수 있는 모인 사람들에게 기분 좋은 테이블이 된다.

여기서는 예전에 작업했던 샘플들을 통해 사계절 테이블의 색상과 아이템 선택의 포인트를 설명한다.

봄

사람들에게 봄은 기다림의 계절이다. 혹독한 겨울이 끝나고 부드러운 햇살을 느낄 수 있다. 식물이 싹트고 매화, 복숭아꽃, 벚꽃이 개화하고, 꽃집에 아름다운 색상의 꽃들이 가득하다. 입학식이나 새로운 계절의 시작이어서 기분도 새로워지고 생기 있는 느낌이 든다. 테이블 코디네이트에는 분홍색, 연두색, 노란색, 연보라색 등의 예쁜 색상을 주로 사용하여 화려함을 표현한다.

여름

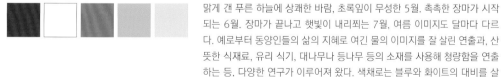

맑게 갠 푸른 하늘에 상쾌한 바람, 초록잎이 무성한 5월. 촉촉한 장마가 시작되는 6월. 장마가 끝나고 햇빛이 내리쬐는 7월, 여름 이미지도 달마다 다르다. 예로부터 동양인들의 삶의 지혜로 여긴 물의 이미지를 잘 살린 연출과, 산뜻한 식재료, 유리 식기, 대나무나 등나무 등의 소재를 사용해 청량함을 연출하는 등, 다양한 연구가 이루어져 왔다. 색채로는 블루와 화이트의 대비를 살리면 청량감도 연출할 수 있다.

가을

가을 야산은 나무들이 빨간색, 주황색, 노란색으로 물들기 시작하고, 과일과 곡식은 자연의 은혜로 맛있게 익어서 식탁에 올라온다. 풍요라는 말에는 농경민족의 기도와 염원이 담겨 있는 듯하다. 진한 빨간색에서 노란색에 걸친 컬러를 사용하고, 동그란 열매나 벨벳 같은 질감의 소재, 화기, 우드 등의 자연소재를 사용해 깊이감을 더한다.

겨울

겨울에는 크리스마스, 설날과 같은 명절 행사가 있다. 빨간색과 초록색을 사용한 화려하고 신성한 이미지 외에, 빨간색과 주황색의 따뜻한 색 계열, 깊은 색감의 조합으로 따뜻함을 표현하는 이미지, 흰색과 회색으로 눈이나 뼛속까지 추운 느낌의 무채색 이미지도 있다. 사진은 북유럽의 크리스마스 시즌을 이미지화한 테이블 코디네이트이다.

상황을 판단한다

테이블 코디네이트는 「누가」 「누구와」 「무엇을 위해」 「언제」 「어디서」 「무엇을」 「어떻게」에 따라 이루어진다. 여기서는 하루의 사이클을 기준으로 브렉퍼스트, 런치, 티타임, 디너 상황을 예전에 작업했던 코디네이트 샘플로 설명한다.

브렉퍼스트

하루의 활동을 시작하는 아침식사. 주말에는 여유롭게 즐기는 브런치라는 상황도 있지만, 분주한 평일 아침에는 간편하게 차릴 수 있는 세팅이 더 실용적이다. 커피에 빵, 달걀요리 정도로 원플레이트로 차리고 싶은 것이 솔직한 마음. 캐주얼한 테이블매트를 활용하고, 핀란드 브랜드 「아라비아(Arabia)」의 「파라티시(Paratiisi)」에 그려진 큼지막한 과일 무늬가 활기를 선사하는 샘플이다. 브렉퍼스트 상황에서는 청결함, 상쾌함, 깔끔한 인상이 중요하다.

아침에는 상쾌한 색, 점심에는 활동적인 시간에 어울리는 활기찬 색, 저녁에는 차분한 색처럼 시간대와 사람의 행동 패턴에 따라 심리적으로 받아들이기 쉬운 색이 있다. 사람이 받아들이는 공통분모가 많을수록 공감할 수 있는 코디네이트가 된다.

런치

낮에 활동적인 시간에 하는 점심식사는 자연광 아래 세팅하고, 빨간색, 주황색 등 에너지 넘치는 컬러나 다색상으로 코디네이트하면 활기찬 분위기가 연출되어 에너지가 충전되는 듯하다. 테이블매트만 사용하는 간단한 코디네이트도 좋고, 테이블클로스를 사용하는 경우에는 화려한 무늬를 선택한다. 밝은 색상을 중심으로 화사하게, 또는 블루 계열을 사용해 지적이고, 생기 있으며 산뜻하게 연출해도 좋다.

티타임

티타임은 여성들이 많이 모여 차를 마시며 대화를 즐기는 자리이다. 우아한 레이스 테이블클로스를 깔고, 사랑스러운 꽃과 디저트, 아름다운 티세트로 시간이 여유롭게 흐르는 공간을 연출한다. 대비는 피하고, 베이비핑크나 베이비블루의 부드러운 색상으로 온화한 느낌을 만든다. 프랑스의 리모주 자기 「레이노(Raynaud)」의 「파라다이스(Paradise)」를 사용한 샘플이다.

디너

디너는 조명을 조금 어둡게 하고 캔들을 켜서, 차분한 색채와 공간에서 먹는 것이 이상적이다. 포멀과 세미포멀의 경우에 캔들은 대칭을 이루는 위치에 놓는다는 등의 규칙이 있지만, 약식 디너나 캐주얼한 상황에서는 제한이 없다. 아침식사나 점심식사와는 달리 따뜻한 색 계열의 어두운 컬러를 사용하면 훨씬 분위기 있고 조용한, 시간이 여유롭게 흐르는 장소를 만들 수 있다. 프랑스의 리모주 자기 「베르나르도(Bernardaud)」의 「솔(Sol)」을 사용한 샘플이다.

격식과 양식(스타일)을 맞춘다

테이블 코디네이트에서는 다양한 아이템을 조합하여, 조화로운 테이블 연출을 위해 격식을 맞추는 것이 매우 중요하다. 공식·정식 장소에서는 각 장소에 맞는 식기를 선택해야 한다. 포멀부터 캐주얼까지 식기의 격을 맞출 필요가 있다.

양식(스타일)이란 하나의 특징이 있는 형태나 모양이 통일되어 보이는 것을 말한다. 건축, 인테리어, 가구, 그림 등의 예술 분야에서는 역사를 반영한 특징적인 디자인을 볼 수 있는데, 테이블웨어도 마찬가지이다.

오른쪽 그래프는 가로축을 「격식」, 세로축을 「양식」이라고 하고, 좌우에 「포멀 / 캐주얼」, 상하에 「클래식 / 모던」 항목을 두었다. 여기에 프랑스 리모주의 자기 브랜드 「베르나르도」의 12가지 디저트 플레이트를 배치하였다. 이 그래프를 통해 대략적인 격식과 스타일의 이미지를 떠올릴 수 있을 것이다. 테이블웨어의 아이템마다 격식과 양식을 알아야 장소 설정과 스타일을 명확하게 정할 수 있다.

양식에는 대표적 스타일로 르네상스, 바로크, 로코코, 네오클래식, 엠파이어(앙피르), 빅토리안, 아르누보, 아르데코, 모던, 컨템포러리가 있다.

프랑스 도자기는 프랑스 북부 도시 루앙에서 시작되었고, 이후 파리 교외 세브르로 옮겨져 로코코 양식을 반영한 우아한 식기가 만들어졌다. 지금도 짙은 푸른색 「세브르 블루(Sevres Bleu)」가 유명하다. 자기는 1768년 프랑스 중부 도시 리모주 교외에서 원료인 카올린(Kaolin)이 발견되면서 시작되었다. 카올린이 사용되면서 1863년 나폴레옹 3세 때 리모주 시내에 「베르나르도」가 탄생했다. 프랑스 고급 자기의 톱브랜드로 전 세계 셰프들에게 좋은 평가를 받는다. 격조 높은 전통공예기술을 계승하면서도, 프랑스다운 창의적인 감성을 발휘한 컬렉션을 선보이고 있다. P.26~P.31에 소개한 12가지 디저트 플레이트 컬렉션의 특징을 살펴보자.

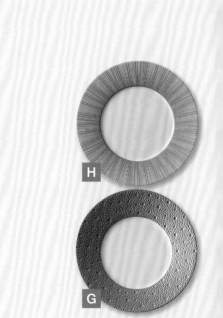

Formal

포멀 ◀ ·······························

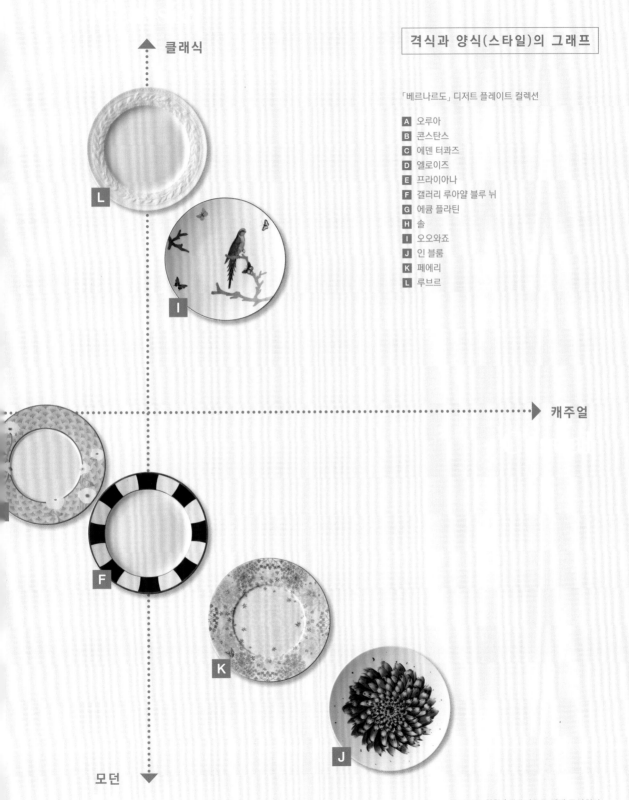

클래식

모던

캐주얼

격식과 양식(스타일)의 그래프

「베르나르도」 디저트 플레이트 컬렉션

A 오루아
B 콘스탄스
C 에덴 터콰즈
D 엘로이즈
E 프라이아나
F 갤러리 루아얄 블루 뉘
G 에큠 플라틴
H 솔
I 오오와죠
J 인 블룸
K 페에리
L 루브르

플레이트 협찬 / 베르나르도 재팬 주식회사

Classic

클래식 스타일

A **오루아** AUX ROIS

퐁텐블로성 디자인의 복각판. 멋진 금채가 돋
보이도록 화려하게 완성하였다. 격조 높은 테
이블에 어울리는 고급 플레이트이다.

B **콘스탄스** CONSTANCE

19세기 엠파이어 양식을 고스란히 전하는
디자인. 파워, 장수, 평화의 상징인 월계관,
도토리, 월계수잎이 마치 수채화처럼 생생하
고 정교하게 그려져 있다.

C 에덴 터콰즈 EDEN TURQUOISE

18세기부터 이어져온 모양에, 19세기 후반 디자인의 특징인 큰 부케와 금채가 장식되어 있다. 금색 광택면과 무광면을 사용한 장식이 정교하다. 「크리스토플(Christofle)」의 유명한 커틀러리 시리즈 「쟈뎅 에덴(Jardin d'Eden)」 (P.100)은 모양이 이와 거의 같다.

D 엘로이즈 HELOISE

골드를 풍부하게 사용한 19세기 초 스타일을 현대적으로 표현하였다. 19세기의 다양한 식물을 충실하게 재현한 베르나르도의 대표적인 컬렉션이다. 골드 새틴의 림에 섬세한 데이지꽃이 자연스럽게 그려져 있다.

아르누보/아르데코

E **프라이아나** PRAIANA

푸른 물결 같은 가오리가죽 무늬에, 흔들리는
흰색 거베라와 라넌큘러스를 배치한 아르누
보 스타일의 플레이트이다.

F **갤러리 루아얄 블루 뉘**
GALERIE ROYALE BLEU NUIT

아르데코 양식의 현대 버전. 나이트블루(블루
뉘)와 화이트의 선명한 대비가 특징이다.

M o d e r n

모던 스타일

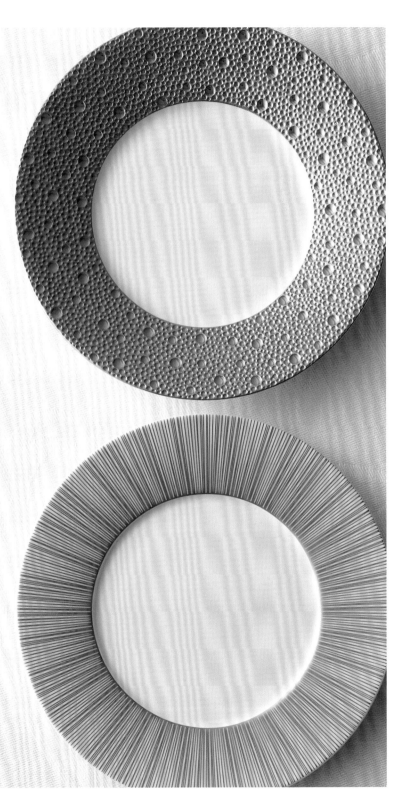

G 에큠 플라틴
ECUME PLATINE

바다의 거품(에큠)에서 영감을 받은 크고 작은 둥근 모티브가 모던한 인상. 반짝이는 플래티넘이 화려하고, 격조 높은 컬렉션이면서도 다양한 실내공간에 잘 어울린다

H 솔 SOL

태양빛을 그래피컬하게 표현한, 빛나는 골드의 섬세한 라인이 모던한 느낌을 주는 컬렉션. 클래식 스타일의 식기와 조합하는 등, 폭넓은 스타일에 어울린다.

내추럴리스틱 데코르 NATURALISTIC DECOR

베르나르도는 자연에서 영감을 받은 그림을 즐길 수 있는 컬렉션을 많이 선보이고 있다. 구상적이거나 프랑스의 대표적인 장식 스타일을 도입한 것부터, 현대의 크리에이터가 디자인한 컨템포러리 양식의 플레이트까지 다양하다.

I 오오와죠 AUX OISEAUX

전통적인 새와 나비 모티브에 금색 가지를 더해 일본풍으로 재구성하였다. 16~17세기에 유행했던 골동품점에서 아이디어를 얻어 만들어진 컬렉션. 가을빛 새가 금색 가지에 앉아 있는 모습이 일본 판화를 연상시킨다.

J 인 블룸 IN BLOOM

이스라엘 태생으로 로스앤젤레스에서 활동하는 젊은 여성 아티스트 제머 펠레드(Zemer Peled)와의 콜라보레이션. 코발트블루의 꽃 그림이 생생하고 대담하게 그려져, 심플하면서도 우아한 코디네이트에 활용할 수 있다.

K **페에리** FEERIE

컬렉션 이름은 프랑스어로 「요정」을 의미한
다. 플레이트 종류에 따라 꽃과 클로버가 흩
어져 있고, 벌새나 나비가 날아다니는 모습
이 그려져 있다. 역동적이고 섬세하며 로맨
틱한 느낌. 파리의 아티스트 미카엘 카이유
(Michaël Cailloux)와의 콜라보레이션이다.

릴리프 화이트 RELIEF WHITE

르네상스에서 제2제정에 이르기까지 프랑스의
대표적인 건축양식을 릴리프(부조)로 표현한 컬
렉션. 화이트는 어떤 실내장식과도 잘 어울려
활용도가 높다는 점이 매력이다.

L **루브르** LOUVRE

파리 루브르 미술관의 시대별 외벽 릴리프를
표현. 궁전 스타일을 만들어 왔던 프랑스 건
축양식인 흰색 구조와 부조 모티브를 채택한
컬렉션이다.

Chapter

2

시각효과를 고려한 테이블 코디네이트의 기초 지식

Table
Coordination

Chapter2에서는 서양식 테이블 코디네이트에 필요한 아이템과 기본적인 사용방법에 대해, 시각적 효과의 관점에서 이미지가 어떻게 달라지는지 그 차이를 비교하고 설명한다.

「필요한 아이템」에서는 서양 도자기, 커틀러리, 글라스, 테이블리넨, 식탁장식품의 종류 및 사용법과 스타일의 차이를, 「테이블플라워」에서는 그 역할과 크기, 기본 형태와 배치 기법을 각각 소개한다.

「테이블 세팅의 기본」에서는 세팅을 할 때 알아야 할 개인공간과 공유공간을 그림으로 설명하고, 세미포멀 디너에서 캐주얼까지의 세팅 샘플을 소개한다.

필요한 아이템

학 습 포 인 트

● 서양식 테이블에 필요한 테이블웨어를 포함해 아이템의 종류를 이해한다.
● 크기 차이와 클래식과 모던 등의 스타일 차이를 배운다.

서양 도자기 플레이트·컵&소서 등

서양 도자기에는 플레이트부터 컵&소서까지 여러 종류가 있다. 메인요리에는 디너 플레이트, 오르되브르와 디저트에는 디저트 플레이트, 빵에는 빵 플레이트 등과 같이, 요리에 따라 기준이 되는 플레이트와 크기가 있다. 레스토랑에 따라 전채를 디너 플레이트에 화려하게 담거나 여백을 살려 보기 좋게 연출 효과를 높이기도 한다. 여기서는 이 정도만 있으면 웬만한 코스요리를 서빙할 수 있는 서양 도자기를 소개한다.

서양 도자기는 크게 두 가지로 분류할 수 있다. 퍼스널 아이템(식사나 차를 마시기 위해 1인용에 필요한 식기)과 서비스 아이템(테이블에 하나를 두고 공유하며 나눠 먹을 수 있는 식기)이 있다.

또한 디너 플레이트, 디저트 플레이트, 수프 플레이트, 컵&소서를 「기본 5피스」라고 부른다. 양식기의 단위를 피스(Piece)라고 부르며, 컵과 소서는 각각 1피스로 계산하기 때문에 모두 5피스가 된다. 이 5피스가 있으면 브렉퍼스트에서 디너, 티타임 접대까지 할 수 있다.

여기서 소개하는 것은 프랑스 리모주 자기 브랜드 「레이노(Raynaud)」의 「오스카(Oscar)」 시리즈이다. 레이노는 1843년 나폴레옹 3세 때 리모주에서 시작된 고품질 자기로, 세계 일류 레스토랑과 왕실, 많은 대사관에서 사용하고 있다. 화이트 자기에 골드와 블랙의 곡선이 돋보이는 오스카 시리즈는 모던하고 우아한 디자인이 특징이며, 표정이 풍부한 테이블을 연출한다.

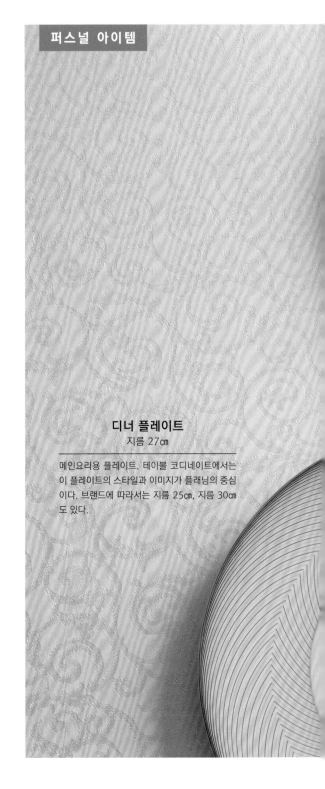

퍼스널 아이템

디너 플레이트
지름 27㎝

메인요리용 플레이트. 테이블 코디네이트에서는 이 플레이트의 스타일과 이미지가 플래닝의 중심이다. 브랜드에 따라서는 지름 25㎝, 지름 30㎝도 있다.

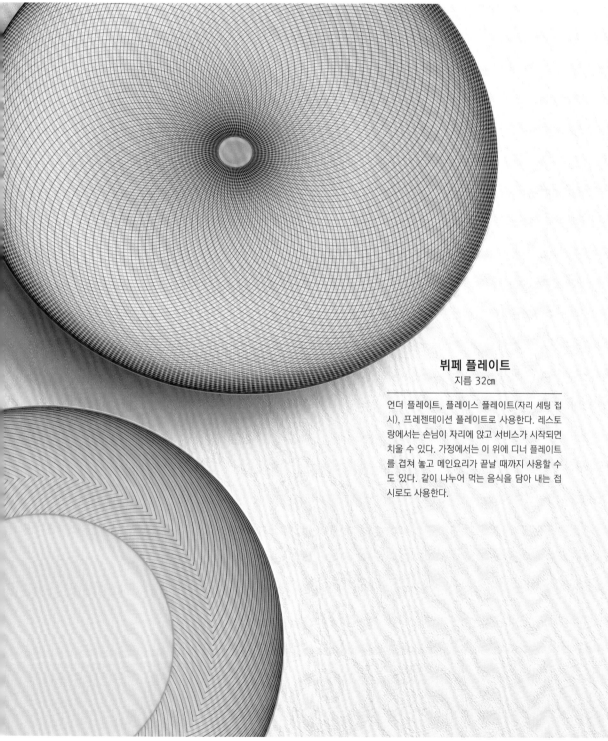

뷔페 플레이트
지름 32㎝

언더 플레이트, 플레이스 플레이트(자리 세팅 접시), 프레젠테이션 플레이트로 사용한다. 레스토랑에서는 손님이 자리에 앉고 서비스가 시작되면 치울 수 있다. 가정에서는 이 위에 디너 플레이트를 겹쳐 놓고 메인요리가 끝날 때까지 사용할 수도 있다. 같이 나누어 먹는 음식을 담아 내는 접시로도 사용한다.

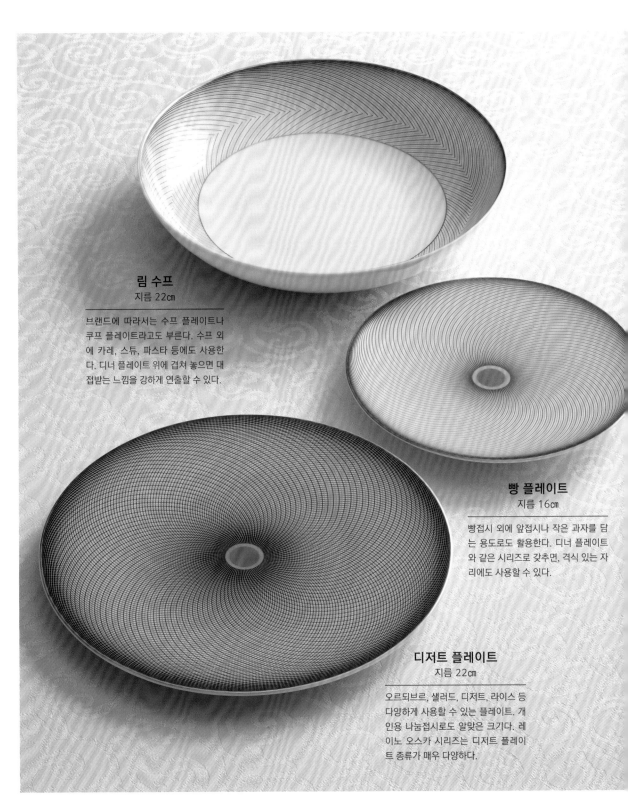

림 수프
지름 22㎝

브랜드에 따라서는 수프 플레이트나
쿠프 플레이트라고도 부른다. 수프 외
에 카레, 스튜, 파스타 등에도 사용한
다. 디너 플레이트 위에 겹쳐 놓으면 대
접받는 느낌을 강하게 연출할 수 있다.

빵 플레이트
지름 16㎝

빵접시 외에 앞접시나 작은 과자를 담
는 용도로도 활용한다. 디너 플레이트
와 같은 시리즈로 갖추면, 격식 있는 자
리에도 사용할 수 있다.

디저트 플레이트
지름 22㎝

오르되브르, 샐러드, 디저트, 라이스 등
다양하게 사용할 수 있는 플레이트. 개
인용 나눔접시로도 알맞은 크기다. 레
이노 오스카 시리즈는 디저트 플레이
트 종류가 매우 다양하다.

티컵 & 소서
용량 200㎖

손잡이가 있는 잔과 받침 접시를 컵 & 소서라고
한다. 이것은 홍차용. 향과 색을 즐기기 때문에
잔 입구가 넓은 것이 특징이다.

에스프레소컵 & 소서
용량 120㎖

에스프레소용 컵과 받침. 진한 에스프레소는 많
은 양을 마시지 않기 때문에, 용량은 100㎖ 전후
로 작은 것이 특징이다. 에스프레소 말고도 한 모
금 수프나 아뮈즈부슈(식전 간식)를 담아서 식사
때 가장 먼저 제공해도 좋다.

오벌 플레이트
긴 지름 42×짧은 지름 30㎝

오르되브르, 메인요리를 담아 나누어 먹는 용도
외에, 샌드위치나 식재료를 담아도 좋다. 파티에
서는 빼놓을 수 없는 아이템이다.

티포트 용량 1000㎖
크리머 용량 200㎖
슈거포트 용량 200㎖

티포트는 홍차를 우려낼 때 사용하는 서양식 찻
주전자. 포트에 곁들이는 크리머, 슈거포트, 티
컵, 소서, 티스푼까지 6가지를 일반적으로 티세트
라고 부른다. 식사 후 홍차를 마실 때 티세트로
서빙하면 분위기가 더욱 화려해진다. 티세트의
격이나 테이블 코디네이트의 테마에 맞게 선택한
티트레이에 올려 서빙한다.

티트레이 협찬 / 크리스토플 호텔 오쿠라 도쿄점 · 베르티고 트레이

커틀러리

커틀러리는 나이프, 포크, 스푼을 통틀어 일컫는다. 서양 도자기와 마찬가지로 클래식에서부터 모던, 포멀에서 캐주얼까지 있으며, 테이블 코디네이트의 테마와 콘셉트에 따라 격식과 양식(스타일)을 판단하여 선택한다.

커틀러리는 다양한 종류가 있으며, 서양 도자기처럼 퍼스널 아이템과 서비스 아이템이 있다. 여기서는 기본적인 퍼스널 아이템을 클래식 스타일과 모던 스타일로 나누어 소개한다.

커틀러리 디자인은 유럽의 미술양식을 디자인화한 것이 주류이다. 양식은 커틀러리의 손잡이 부분으로 알 수 있다. 클래식 스타일은 손잡이에 그 시대에 자주 사용하던 장식이 달려 있거나, 끝부분이 볼록하게 되어 있는 것이 특징이다. 이는 왕후와 귀족들의 문장이 각인되어 있던 것에서 유래하였다(커틀러리 양식은 P.100~103 참조).

여기서 소개하는 것은 프랑스 실버웨어 브랜드「크리스토플(Christofle)」의「알비(Albi)」시리즈이다. 알비는 중세의 멋을 간직한 프랑스 남서부의 소도시이다. 그 구시가에 세워진, 중세 고딕 양식의 걸작으로 불리는 대성당의 직선적이며 세련되고 단정한 라인에서 영감을 얻어 디자인되었다. 클래식한 형태이면서도 심플한 디자인은 폭넓은 스타일과 잘 어울린다.

세팅은 수프, 오르되브르, 생선요리, 고기요리, 디저트 등 풀코스가 기준이다. 플레이트는 싱가포르 브랜드「루전(Luzerne)」의「디바 로터스(Diva Lotus)」시리즈의 쇼 플레이트와 빵 플레이트를 선택하였다.

그리고 디저트는 보통 별실로 이동하거나 다시 세팅하기 때문에, 디저트용 커틀러리는 처음부터 아예 놓지 않는다. 안쪽에 디저트 커틀러리를 놓을 때는 대규모 결혼식이나 대연회인 경우가 많다.

Classic
클래식 스타일

A 디저트 포크(오르되브르 겸용)
B 피시 포크(생선요리용)
C 테이블 포크(고기요리용)
D 버터 스프레더(버터용)
E 테이블 나이프(고기요리용)
F 피시 나이프(생선요리용)
G 디저트 나이프(오르되브르 겸용)
H 테이블 스푼(수프용)

E F G H

커틀러리 협찬 / 크리스토플 호텔 오쿠라 도쿄점

모던 스타일 커틀러리는 손잡이 부분이 심플하고, 깔끔한 형태가 특징이다. 여기서 소개하는 것은 크리스토플의 「무드(Mood)」시리즈. 매끄러운 곡선을 그리는 스타일리시한 디자인이 특징이다. 오르되브르, 메인요리, 디저트 등 3코스를 기준으로 하는 세팅이다. 플래티넘 림의 백자 디너 플레이트에 레이노 오스카 시리즈의 디저트 플레이트를 겹쳐 놓고 빵 플레이트를 조합하였다.

버터용 나이프는 개인용을 버터 스프레더, 공유용을 버터 나이프라고 부르지만, 브랜드에 따라 버터 스프레더를 버터 나이프라고 부르기도 한다.

C

A

B

A 디저트 포크(오르되브르 겸용)
B 테이블 포크(메인요리용)
C 버터 스프레더(버터용)
D 테이블 나이프(메인요리용)
E 디저트 나이프(오르되브르 겸용)

식기 협찬 / 에르퀴 레이노 아오야마점

글라스

음료를 담기 위한 글라스는 서양식 테이블 코디네이트에서는 없어서는 안 될 아이템이다.

글라스는 음료의 색감을 즐기고, 적정온도를 유지하기 위해 무색투명한 유리 소재의 스템(다리)이 있는 것이 대부분이다. 평평한 플레이트가 나란히 놓인 서양식 식탁에서는, 테이블에 높낮이 차이와 입체감을 주고 자연스러운 연출에도 큰 역할을 한다.

글라스는 음료에 따라 크기와 모양이 다르다. 대부분 차갑게 마시는 화이트와인에는 와인 온도가 변하기 전에 마실 수 있는 작은 크기의 글라스가 적합하며, 빈티지 레드와인이나 고급와인에는 큰 글라스를 사용한다.

글라스도 서양 도자기나 커틀러리처럼 퍼스널 아이템과 서비스 아이템이 있는데, 여기에서는 기본적인 퍼스널 아이템을 클래식 스타일과 모던 스타일로 나누어 소개한다.

테이블 코디네이트에서 사용하는 플레이트가 클래식 스타일인 경우에는, 글라스도 커팅이 들어가 있거나, 금채 또는 장식이 있는 우아한 곡선의 글라스를 선택하면 균형이 잡힌다. 여기서 소개하는 것은 프랑스 글라스웨어 브랜드「크리스털 다르크(Cristal D'Arques)」의 글라스이다. 고급스럽고 섬세한 커팅이 특징이다. 풀코스에 어울리는 세팅이다.

Classic
클래식 스타일

A 워터 고블렛(물용)
B 레드와인 글라스
C 화이트와인 글라스
D 샴페인 글라스

테이블 코디네이트에 사용하는 플레이트가 모던 스타일인 경우
에는, 글라스도 그에 맞는 디자인으로 선택한다. 장식이 없는 심
플하고 날렵한 글라스를 조합하면 균형이 잡힌다.

여기에서 소개하는 것은 독일의 크리스털 글라스 메이커 「즈위
젤(Zwiesel)」의 브랜드 「쇼트즈위젤(Schott Zwiesel)」의 「퓨어
(Pure)」 시리즈이다. 와인을 따르는 볼(bowl) 모양이 엣지 있는
직선형인 것이 특징이다. 3코스에 어울리는 세팅이다.

Modern

모던 스타일

A 워터 고블렛(물용)
B 와인 글라스(화이트와인용)
C 샴페인 글라스

테이블리넨

리넨은 마의 종류인 아마에서 유래했으며, 식탁에 사용하는 패브릭을 통틀어 테이블리넨이라고 한다. 유럽에서 테이블리넨은 역사가 깊어 8~10세기에 사용한 기록이 남아 있으며, 화이트 테이블리넨을 풍족하게 사용할 수 있는 것은 풍요의 상징으로 여겨져 왔다. 식탁을 장식할 때 빼놓을 수 없는 아이템으로, 마 이외에 면, 폴리에스테르, 혼방, 레이스, 레이온 등 다양한 소재가 있다. 여기에서는 테이블리넨의 종류와 사용법을 설명한다.

테이블클로스

식탁에서 색면적을 가장 크게 차지하며, 테이블의 이미지를 좌우하는 중요한 요소이다. 크기는 테이블 크기보다 40~60㎝ 큰 것을 고른다. 테이블에 깔 때 30㎝ 정도 늘어뜨리는 것이 가장 이상적이다. 클로스를 1장 까는 것만으로도 대접받는 느낌과 깔끔한 인상이 더해진다.

테이블러너

테이블 중앙에 까는 띠모양의 패브릭. 테이블에 악센트를 주는 효과가 있다. 클로스를 깔지 않고 테이블에 직접 놓아도 된다. 시판제품은 35㎝ 폭이 많지만, 테이블 크기에 맞추거나 모던한 인상을 주고 싶은 경우에는 양쪽 가장자리를 접어 넣어 폭을 좁게 조절한다.

언더클로스

테이블클로스 밑에 까는 클로스. 커틀러리나 식기 주위가 폭신해지고, 식기 소리와 대화 소리, 물기 등을 흡수하는 효과가 있다. 테이블보다 가로 5㎝×세로 5㎝ 더 큰 것을 고른다. 소재는 플란넬이 이상적이지만, 가정에서는 시트나 흰색 면 원단도 괜찮다.

브리지러너

테이블 안쪽에 다리를 놓듯 가로질러 까는 러너. 크기는 폭 45㎝, 길이 120~150㎝가 일반적이다. 테이블클로스 위에 까는 것 외에도, 사진처럼 테이블에 직접 늘어뜨리면 나뭇결을 볼 수 있다. 1인 공간이 명확해져 기능적이고 간편하다. 왼쪽 사진처럼 2장을 연결하여 러너처럼 사용할 수도 있다. 러너 협찬 / jokipiin pellava(요키핀 펠라바)・aulii(주식회사 웨스트코스트)

테이블매트

테이블클로스의 축소형으로, 1인 세팅을 나란히 배치할 수 있게 가로 45㎝, 세로 35㎝가 일반적이다. 사용하기 편하고, 어린 자녀가 있는 가정에서도 안심하고 사용할 수 있다.

톱클로스

이중으로 깐 클로스의 위쪽 클로스로, 가로 100㎝×세로 100㎝ 정사각형이 일반적이다. 테이블클로스 위에 색상과 무늬가 있는 것을 겹쳐 놓으면 분위기가 경쾌해진다. 캐주얼한 상황에 사용할 수 있고, 테이블의 네 모서리가 나오도록 대각선으로 까는 것이 일반적이다.

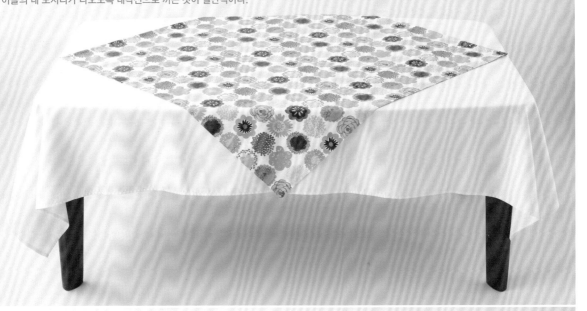

테이블의 끝이 나오도록 응용하여 깔 수도 있다. 끝 부분에는 테이블 플라워를 놓거나 티 코너로 사용하는 등, 공간을 나누는 효과를 낼 수 있다.

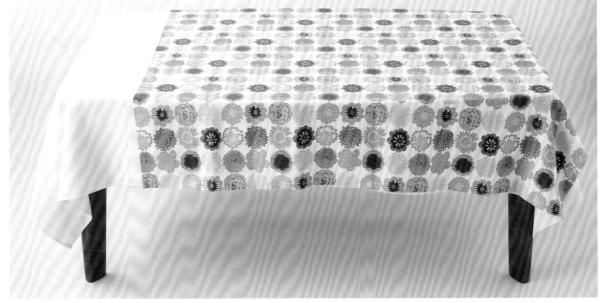

냅킨

냅킨은 무릎을 덮어 옷이 더러워지지 않게 하거나, 손이나 입가를 닦는 데 사용한다. 크기는 포멀한 자리에서는 화이트 리넨 가로 60㎝×세로 60㎝, 세미포멀도 동일하다. 디너용은 가로 50㎝×세로 50㎝, 런치용은 가로 45㎝×세로 45㎝, 티용은 식사용보다 작고, 칵테일용은 더 작으며, 상황에 따라 소재와 크기가 달라진다. 색상 외에도, 접는 방법에 따라 모양으로도 즐길 수 있다.

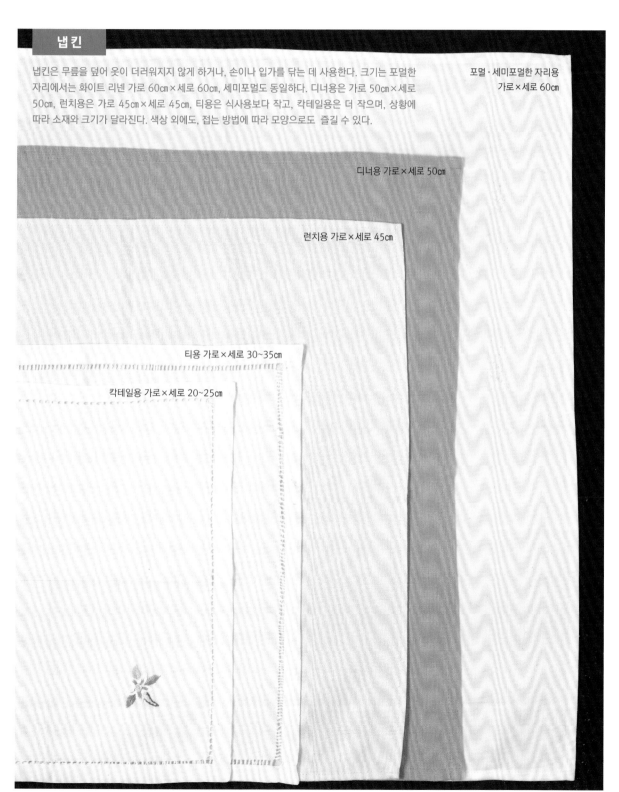

포멀·세미포멀한 자리용
가로×세로 60㎝

디너용 가로×세로 50㎝

런치용 가로×세로 45㎝

티용 가로×세로 30~35㎝

칵테일용 가로×세로 20~25㎝

식탁장식품

식탁 위에 놓는 것으로, 식사에 직접 사용하는 식기나 글라스, 커틀러리, 리넨 이외의 것을 통틀어 식탁장식품이라고 한다. 솔트 & 페퍼, 냅킨링, 커틀러리 레스트, 네임스탠드, 글라스마커 등이 있으며, 이것들을 피규어라고도 한다. 대화의 소재가 되고 즐거운 분위기 연출을 위해서 필요하다.

캔들스캔드

A

센터피스도 식탁장식품에 속한다. 센터피스는 테이블 가운데에 놓는 큰 사이즈의 장식품이다. 테이블플라워, 캔들스탠드, 큰 접시나 컴포트(굽이 있는 그릇) 등이 여기에 속한다. 테이블에 입체감을 주기도 하고, 계절감 연출에도 한몫을 한다.
콘셉트와 테마에 맞게 식탁장식품을 활용하면, 코디네이트의 스토리가 명확해지고 연출에 중요한 역할을 한다.

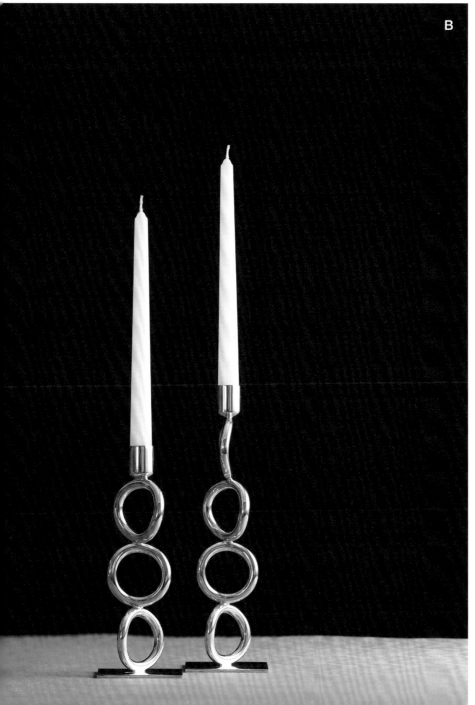

B

캔들의 불꽃은 식탁에 편안함과 따뜻함을 선사한다. 런치나 티타임과 같은 낮시간대에는 사용하지 않는다. 포멀한 자리에서는 캔들을 쌍으로 사용한다.

A 5개로 구성된 클래식한 스타일의 실버 캔들스탠드. 중후한 테이블 코디네이트에 사용.
B 같은 실버라도 이쪽은 모던 스타일. 「크리스토플」의 「베르티고」 시리즈로, 스타일리시한 코디네이트가 된다.

협찬 / 크리스토플 호텔 오쿠라 도쿄점

A

B

C

중세 무렵, 서양에서는 귀중품이었던 소금과 향신료를 「네프(Nef)」라고 불리는 자물쇠 달린 배모양의 장식용 그릇에 담아 중요한 손님 앞에 내놓았다. 어퍼솔트 (Upper salt, 상석)라는 말이 여기에서 왔다. 지금도 각자의 취향에 따라 맛을 조절할 수 있도록, 테이블에 소금과 후추를 한 세트로 준비하는 것이 기본이다. 중요한 손님 근처에 놓는다.

A 클래식 스타일의 솔트&페퍼. 앤틱실버로 만들었고, 리본과 갈란드 장식이 있는 우아한 디자인.
B 크리스토플의 베르티고 시리즈. 실버로 만들었으며, 심플하고 스타일리시한 디자인은 모던 스타일 코디네이트에 어울린다.
  협찬 / 크리스토플 호텔 오쿠라 도쿄점
C 캐주얼한 디자인. 왼쪽은 도기, 오른쪽은 합금 소재이다.

그 밖의 식탁장식품

대화의 소재로 삼을 수 있는 흥미로운 디자인의 피규어이다.

A 냅킨링. 포멀한 테이블에는 사용하지 않는다. 캐주얼한 테
　이블에서는 연출소품으로 활용할 수 있다.
B 새장모양의 향신료 홀더. 미니 스푼도 포함된다.
C 데코픽 세트.
D 티 캔들용 홀더.
E 카드 홀더. 네임카드나 메뉴카드를 끼운다.

Column
1

실버웨어 티서비스

실버웨어는 할로웨어(Holloware)라고도 부르며, 크기가 작은 것은 솔트 & 페퍼와 버터케이스, 큰 것은 티포트, 컴포트, 와인쿨러, 트레이 등이 있다. 아름답게 빛나는 실버웨어는 동경의 대상이며, 테이블을 화려하게 연출한다.

실버웨어에는 순은과 은도금(실버 플레이트)이 있다(P.126 참조). 실버웨어에는 홀마크 제도로 대표되는 표시 각인이 있기 때문에, 각인에 따라 품질과 어느 시대의 것인지도 알 수 있다.

언뜻 생각하기에는 비싸고 관리가 힘들 것 같아 접근하기 어려워 보이는 실버웨어이지만, 대대로 오래 사용할 수 있는 식기이기도 하다. 결과적으로 경제적이며, 또한 보관하지만 말고 일상에서 사용해야 아름다움과 광채를 유지할 수 있다.

도자기 시리즈마다 티서비스(티포트, 크리머, 슈거포트)가 준비되어 있는데, 전부 갖추기는 힘들다. 그래서 추천하는 것이 실버웨어 티세트(서비스)이다. 클래식·엘리건트 계열인지, 모던 계열인지, 어떤 스타일의 티컵 & 소서를 많이 가지고 있는지를 분류하고, 거기에 어울리는 실버웨어 티세트를 갖추는 것이 편리하다.

아래 사진은 영국에서 구한 빅토리안 스타일의 19세기 티세트이다. 장식적으로는 고딕에서 네오 클래식까지의 권위주의적인 양식이 섞인 스타일이 특징이다. 뚜껑 손잡이의 꽃모양 세공과 손잡이의 곡선 등 세세한 부분에도 장식이 있으며, 격조 높은 존재감이 있다. 여기에 조합하는 티컵 & 소서는 모던한 것보다 우아한 것이 잘 어울리므로, 헝가리

영국에서 구한 빅토리안 스타일의 19세기 티세트. 클래식·엘리건트 계열의 티컵 & 소서와 어울린다.

명품 「헤렌드(Herend)」의 「아포니 그린(Apponyi green)」
시리즈와 조합하였다.

아래 사진은 영국에서 대대로 내려온 실버웨어 브랜드 「마
핀&웹(Mappin&Webb)」의 아르데코 스타일 티세트이다.
마핀&웹은 1897년 빅토리아 여왕이 즐겨 사용하는 제품
이 된 이후, 역대 왕실에서 애용하는 브랜드이다. 섬세하고
심플한 디자인이 특징인 아르데코 스타일은 현대의 모던한
식기와 조합하기 쉽기 때문에, 여기에서는 프랑스 실버웨어
브랜드 「크리스토플」의 「베르티고」 시리즈 트레이와 프랑
스 자기 브랜드 「레이노」의 「오스카」 시리즈 티컵&소서와
조합하였다.

실버웨어 손질법

실버웨어는 사용한 후에 중성세제를 연하게 푼 미지
근한 물에 부드러운 스펀지로 닦고, 깨끗이 헹군다. 그
다음에 부드러운 천으로 재빨리 수분을 완전히 제거
하고 말린다. 사용한 다음 차가 남아 있는 상태로 여러
시간 방치하거나 물에 담가두거나 표백제 및 나일론
수세미를 사용하면 NG.
실버웨어는 공기와 장시간 접촉하면 거무스름해진다.
이것은 녹이 아니고 황화(공기 속에 있는 황화합물에 의
한 변색)이다. 변색이 심한 경우에는 시판 실버클리너
를 사용하면 효과적이다. 실버 커틀러리 등은 천에 싸
서 지퍼백에 담아 보관하면 변색을 방지할 수 있다.

영국의 전통 있는 실버웨어 브랜드 「마핀&웹」의 아르데코 스타일 티세트. 모던 계열의 티컵과 잘 어울린다.
협찬 / 크리스토플 호텔 오쿠라 도쿄점(트레이), 에르퀴 레이노 아오야마점(티컵&소서)

테이블플라워

● 라운드와 호리즌틀, 테이블플라워의 기본형과 연출 효과의 차이점을 배운다.
● 적은 양의 꽃으로 이미지를 바꾸는 배치기술을 이해한다.

테이블플라워의 역할과 크기

테이블을 장식하는 꽃인 테이블플라워는 센터피스로서 가장 효과적이라고 해도 과언이 아니다. 계절감을 연출하는 것은 물론, 테이블 아이템과 꽃의 색상을 연결하거나 꽃 컬러에 맞춰 아이템을 선택하는 등 테이블의 테마나 콘셉트를 다양하게 표현할 수 있다.
크기는 식사에 방해되지 않도록 테이블 면적의 1/9에 맞추는 것이 좋다. 이 크기는 테이블 가로폭의 1/3, 세로폭의 1/3이다.

테이블플라워 기본형1_라운드

라운드 어레인지먼트에 적합한 꽃 소재는 꽃모양이 둥근 매스 플라워(Mass flower)와 갈라진 줄기 끝에 작은 꽃이 많이 피는 필러 플라워(Filler flower), 이 두 종류로 구성한다. 하나의 긴 줄기에 꽃이 피는 라인 플라워(Line flower)는 피한다.

테이블플라워 중에서 가장 널리 사용하는 디자인으로는 라운드(Round) 어레인지먼트가 있다. 모든 각도에서 아름답게 보이는 사방형 디자인으로, 둥근 반구형으로 꽃을 배치한다. 높이가 있는 마운트형은 사랑스러워 보이고, 높이를 낮추면 우아한 이미지로 연출된다.
화기는 다리가 있는 컴포트 타입으로, 입구가 원형인 것이 모양을 살리기 쉽다. 화기가 없으면 접시에 플로랄폼을 세팅하여 어레인지하거나, 캔들스탠드나 슈거포트에 꽂아도 된다.

1 아래 사진 어레인지먼트에 사용한 컴포트 타입 화기. 높이감을 주기 때문에 테이블 위에서 시선을 끈다.

2 가운데는 유리 소재 슈거포트. 뚜껑을 분리하여 화기로 사용한다. 왼쪽은 캔들스탠드. 접시 위에 플로랄폼을 올리면 화기로도 활용한다. 오른쪽은 주물 화기. 소재도 다양하다.

Flower & Green

장미(스위트 아발란체, 로지타 벤델라, 민트티), 리시안셔스, 화이트스타, 하이베리쿰, 파부초, 나무딸기 '베이비핸즈'

호리존틀 어레인지먼트는 매스 플라워와 필러 플라워로 구성한다. 리시안서스, 파부초 등 부드러운 라인을 가진 꽃 소재를 고른다.

호리존틀(Horizontal)은 수평에 가깝게 옆으로 펼쳐진 라인이 아름다운 디자인으로, 위에서 보면 다이아몬드형(마름모꼴), 옆에서 보면 삼각형이다. 라운드처럼 사방에서 볼 수 있는 디자인이지만, 라운드보다 부드럽고 우아한 느낌이 들기 때문에 포멀 또는 세미 포멀 세팅에 적합하다.

화기는 라운드에서 사용하는 것과 같은 컴포트 타입도 괜찮지만, 입구가 타원형이거나 가로로 긴 모양을 선택하면 어레인지하기 쉽다. 스톤 소재의 원통형 또는 사각형 등 직선형 화기와는 어울리지 않는다.

화기는 컴포트 타입으로 입구가 타원형인 것이 알맞다. 오른쪽은 위 사진에서 사용한 화기이다.

Flower & Green
장미(스위트 아발란체, 로지타 벤델라, 민트티), 리시안셔스,
화이트스타, 하이베리쿰, 파부초, 나무딸기 '베이비핸즈'

포멀 또는 세미포멀 세팅에는
캔들을 센터피스의 꽃 양옆에
쌍으로 놓는다.

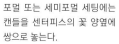

반복한다

같은 높이와 볼륨으로 만든 어레인지먼트를 반복해서 놓는 방법이다. 꽃의 양을 줄인 자그마한 어레인지먼트도, 반복해서 놓으면 모던한 느낌을 준다. 라인 플라워나 꽃이 크고 모양이 뚜렷한 폼 플라워(Form flower)를 사용하면 적은 양으로도 효과를 발휘할 수 있다. 약간 높이감이 있어야 더 효과적이다. 또한 매스 플라워로 라운드 어레인지먼트를 만들어 반복해 놓아도 임팩트를 줄 수 있다.

Flower & Green
헬리코니아, 안스리움, 패랭이꽃 '그린트릭'

배 치 기 술 2

사이드에 놓는다

테이블 코디네이트의 테마에 따라 센터피스가 플라워 어레인지먼트가 아닐 수도 있다. 큰 접시나 수프 튜린, 아뮈즈부슈 스탠드가 될 수도 있다. 그런 경우에 테이블플라워는 사이드에 세팅한다. 그 밖에도 가지가 있어 키가 큰 꽃을 사용하고 싶을 때, 가운데에 두면 시선을 차단하기 때문에 사이드에 두기도 한다. 이런 경우에는 높낮이 차이가 있는 화기를 선택하여 리듬감 있게 배치한다.

Flower & Green
용버들, 헬리코니아, 안스리움

테이블 세팅의 기본

개인공간과 공유공간

테이블 세팅이란 식사를 하기 위해 필요한 식기류, 커틀러리, 글라스류를 규칙에 따라 나열하는 것을 의미한다. 서양식 테이블 세팅은 포멀, 세미포멀, 약식디너, 캐주얼로 크게 나눌 수 있다. 세팅에는 규칙이 있으며, 아름다움뿐만 아니라 기능적인 이유가 있다. 여기서는 테이블을 구성하는 영역인 개인공간과 공유공간에 대해 설명한다.

개인공간(Personal space)은 테이블에서 한 사람이 식사하는 데 필요한 넓이를 말하며, 가로 45cm(사람의 어깨너비), 세로 35cm가 필요하다. 여기에 옆사람과의 간격 15cm가 추가된다. 세로 35cm는 무리 없이 손을 뻗을 수 있는 범위로, 지름 27cm 디너 플레이트를 두고 글라스 등을 세팅하는데 필요한 공간에서 계산된 것이다. 빵 플레이트를 왼쪽에 두고 가로 45cm에 들어가도록 세팅하면 보기 좋게 완성된다. 포멀 테이블에서는 커틀러리를 풀세트로 준비할 경우에 60cm 이내로 한다. 테이블 끝에서 15cm 안쪽에 놓는 것도 유의한다.

개인공간 이외를 공유공간(Public space)이라고 한다. 큰 접시와 센터피스를 두는 공유부분으로, 긴지름 30cm 정도의 플래터(큰 접시)를 세팅할 수 있는 폭이 이상적이다. 개인공간을 확보한 다음에 공유공간을 산출하여, 센터피스에 장식할 꽃의 크기를 계산한다. 테이블플라워는 테이블 면적의 1/9 이내에 배치한다. 센터피스를 가운데 두고 좌우 균형을 이루도록 구성하는 것이 서양식 테이블 세팅의 기본이다.

테이블을 구성하는 영역

4명 / 테이블 크기 150×90cm인 경우

90cm

끝에서 15cm 이상 간격을 둔다

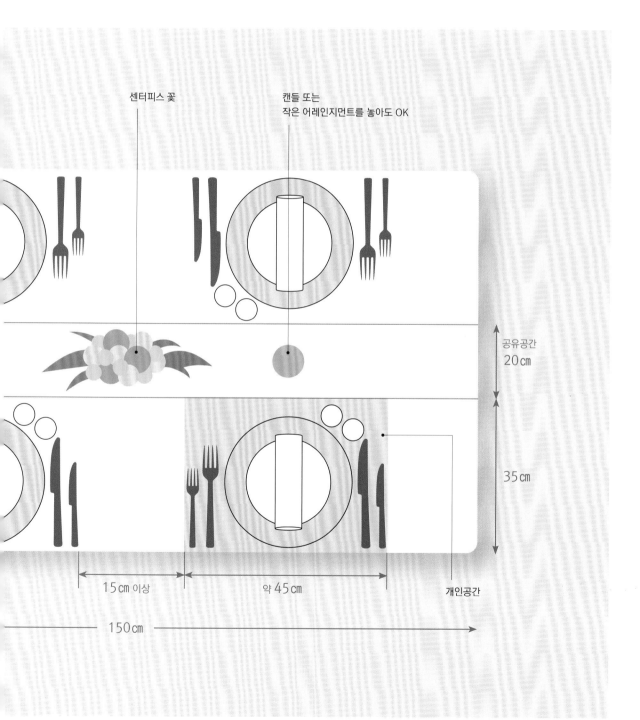

센터피스 꽃

캔들 또는
작은 어레인지먼트를 놓아도 OK

공유공간
20㎝

35㎝

15㎝ 이상

약 45㎝

개인공간

150㎝

세미포멀 디너 세팅

격식을 차려야 하는 상황이나 접대를 위한 세팅에는 세미포멀이 알맞다. 테이블웨어는 화이트 또는 페일톤을 선택하고, 냅킨도 같은 색으로 한다. 디너 플레이트와 빵 플레이트는 같은 시리즈로 준비한다. 포멀과 세미포멀의 경우에 식기는 시리즈로 사용하는 것이 바람직하다.

플레이트나 커틀러리를 놓는 위치는 손가락 너비로 확인할 수 있다. 집게손가락과 가운뎃손가락을 모은 너비(왼쪽)가 3cm(손가락 2개), 넷째손가락까지 모두 합한 너비(오른쪽)가 4cm(손가락 3개)이다.

세팅방법

1 디너 플레이트는 테이블 아래끝에서 3cm(손가락 2개 너비, 왼쪽사진 참조) 안쪽에 놓는다. 빵 플레이트는 왼쪽에 두는데, 여유 공간이 없으면 위 사진과 같이 왼쪽 상단에 세팅하고 버터 스프레더를 플레이트 위에 놓는다.

2 커틀러리는 요리 가짓수대로 디너 플레이트 양옆에 놓는다. 테이블 아래끝에서 4cm(손가락 3개 너비, 왼쪽사진 참조) 안쪽에, 사용하는 순서대로 바깥쪽부터 나열한다. 나이프는 오른쪽, 포크는 왼쪽. 사진은 3코스이므로 오르되브르용 디저트 나이프와 디저트 포크, 메인디시용 테이블 나이프와 테이블 포크이다.

3 글라스 위치는 테이블 나이프의 끝에서 시작한다. 마시는 순서대로 바깥쪽부터 샴페인 글라스, 와인 글라스 순서로 세팅한다.

4 냅킨은 왼쪽에 간단하게 접어 세팅한다.

약식디너 세팅

가정에서 하기 좋은 세팅이다. 위에 겹쳐 놓은 디저트 플레이트에 오르되브르를 서빙하고, 오르되브르 접시를 치울 때 메인디시를 큰 접시에 담아 내어 디너 플레이트에 나눠 먹으면, 주최자는 식사 중 자리를 한 번만 비우게 된다. 약식에서는 글라스를 같은 시리즈로 조합하지 않아도 괜찮다.

쇼 플레이트와 빵 플레이트를 세팅할 경우에는, 쇼 플레이트에 음식을 담지 않기 때문에 냅킨을 쇼 플레이트 위에 놓아도 좋다.

세 팅 방 법

1 디너 플레이트를 테이블에 놓고, 그 위에 디저트 플레이트(오르되브르용)를 겹쳐 더블 플레이트를 한다.

2 커틀러리를 두기 위해 커틀러리 레스트를 놓고, 테이블 나이프와 테이블 포크를 올린다. 이것은 「오르되브르와 메인디시를 같은 나이프와 포크로 먹는다」는 표시이다.

3 샴페인 글라스와 와인 글라스를 세팅한다.

4 글라스와 커틀러리가 오른쪽으로 몰리기 때문에 냅킨은 왼쪽에 세팅한다. 약식디너나 캐주얼한 상황일 때는 냅킨링을 사용해도 좋지만, 포멀 또는 세미포멀에서는 사용하지 않는다

캐주얼 세팅

런치에 어울리는 세팅이다. 캐주얼의 경우에는 플레이트를 같은 시리즈로 갖출 필요는 없다. 또한 커틀러리 세팅에 변화를 주고, 냅킨도 흐르듯이 접으면 움직임이 생겨서 경쾌한 분위기를 연출할 수 있다. 검은색 자기 디너 플레이트에 무늬가 있는 유리 플레이트를 겹쳐 놓고, 파란색 냅킨으로 악센트를 준다.

패 턴 1

냅킨 폴딩에 따라 테이블의 이미지가 달라진다. 캐주얼한 테이블에는 냅킨 모양으로 움직임을 만들면 재미가 커진다 (P.108~111 참조).

세 팅 방 법

1 디너 플레이트를 테이블에 놓고, 그 위에 유리 플레이트를 겹쳐 더블 플레이트를 한다.

2 테이블 나이프와 테이블 포크를 유리 플레이트 위에 세팅한다.

3 오른쪽 상단에 와인 글라스를 세팅한다.

4 유리 플레이트 왼쪽 끝에 흐르는 모양으로 접은 냅킨을 세팅한다.

일식과 양식의 퓨전 요리를 제공하는 세팅이다. 여러 종류의 전채를 담는 이미지로, 검은색 자기 플레이트에 뚜껑 있는 컵, 숏글라스, 아뮈즈부슈 스푼을 올린다. 커틀러리에 젓가락이 포함된 경우에는 커틀러리 레스트에 세로로 같이 세팅해도 좋다. 사선 라인을 잘 살려 냅킨을 접으면 모던하게 완성된다.

패 턴 2

캐주얼한 테이블에는 형태나 소재가 다른 식기를 조합해 재미와 즐거움을 주고 경쾌한 이미지를 연출한다(P.94~99, P.122~127 참조).

세 팅 방 법

1 디너 플레이트를 테이블에 놓고, 뚜껑 있는 컵과 숏글라스를 뒤에, 아뮈즈부슈 스푼을 앞에 놓는다.

2 오른쪽에 커틀러리 레스트를 놓고, 바깥쪽에서부터 젓가락, 테이블 나이프, 테이블 포크 순서로 세팅한다.

3 테이블 나이프 끝에, 바깥쪽부터 샴페인 글라스, 와인 글라스 순서로 세팅한다.

4 왼쪽에 사선 라인으로 접은 포켓 타입 냅킨을 세팅해 오른쪽 커틀러리와 균형을 맞춘다.

서양과 일본의 모던 테이블 세팅

일본식 모던 테이블은 전통적이거나 순수한 일본 테이블과 달리, 현대적 라이프 스타일에 맞는 코디네이트, 세팅을 말한다. 일본이라는 베이스 안에 서양의 요소를 도입하거나 반대로 서양 세팅에 일본의 분위기나 소재를 넣는 등, 전통과 현대의 것을 일본과 서양의 과거와 현재와 융합해 조화로운 테이블을 만들어낸다.

아래 사진은 서양식 테이블 세팅이다. 프랑스 「장 루이 코케(JL Coquet)」의 「헤미스피어(Hemisphere)」 시리즈의 메탈릭핑크 프레젠테이션 플레이트에, 「장 드 크롬(Jaune De Chrome)」의 「아귀레(Aguirre)」 디저트 플레이트를 겹쳐 놓았다. 커틀러리는 더블로 세팅한다. 우아한 플레이트에 맞춰 냅킨은 곡선을 살린 「페스티벌」이라는 방법으로

서양식 세팅. 우아한 플레이트를 중심으로, 곡선을 살려 품격 있고 화려한 분위기를 만든다. 협찬 / 아틀리에 준코

접어 우아하고 화려한 분위기를 더한다.

이 세팅을 같은 테이블클로스, 디저트 플레이트, 커틀러리를 사용하면서 일본식 모던으로 시도한 것이 아래 사진의 세팅이다. 정사각형의 검은색 받침을 사용함으로써 개인공간이 명확해지고 정돈된 느낌이 든다. 디저트 플레이트 위에는 마키에 와지마누리(표면에 금은가루로 무늬를 넣은 옻칠기)의 넓적하고 얕은 접시를 세팅한다. 칠기는 금속 커틀러리를 사용하면 상처가 나기 때문에 커틀러리에 젓가락을 포함시킨다. 냅킨은 옻칠된 그림과 잘 어울리도록 붉은색을 고르고, 직사각형으로 작게 접는다. 화기는 유리 소재를 검은색 책모양의 사각형으로 바꾼다. 직선을 강조한 강약이 있는 세팅이 된다.

P.70의 서양식 세팅을 일본식 모던으로 교체. 직선 구성과 검은색이 더해져 강약이 있는 세팅이 된다.

Chapter

3

색 · 형태 · 소재로 살펴본 테이블 코디네이트 기법

Table
Coordination

색, 형태, 소재를 디자인 3요소라고 부른다. 테이블 코디네이트에서
도 식사를 맛있고, 즐겁고, 편안하게 하기 위한 필수요소이다. 여기
서는 「색」 「형태」 「소재」 등 항목별로, 테이블 코디네이트를 할 때
발휘되는 효과에 대해 샘플과 함께 설명한다.
「색」에서는 배색을 위해 알아야 할 지식과 기본 테크닉을 소개한다.
「형태」와 「소재」에서는 플레이트, 커틀러리, 글라스 등의 형태와 소
재의 종류에 대해 설명한다. 또한 「6인 테이블 코디네이트 샘플」에
서는 플레이트, 냅킨, 테이블플라워 등에 변화를 주었을 때 6인용 기
본 테이블의 이미지와 효과에 대해 살펴본다.

학 습 포 인 트
- 색을 바꾸면 테이블의 이미지를 크게 변화시킬 수 있다.
- 색을 객관적으로 보고, 배색의 기본 기술을 배운다.

컬러시스템이란

색을 객관적으로 파악하고 배색할 수 있는 기술의 기본이 「컬러 시스템」이다.

색은 크게 「유채색」(색감이 느껴지는 색)과 「무채색」(색감이 느껴지지 않는 색, 즉 흰색, 검은색, 회색) 2종류로 나눌 수 있다. 또한 유채색은 「색상」「명도」「채도」로 이루어지고, 이를 색의 「3속성」이라고 한다.

색상은 빨강, 노랑, 파랑처럼 색을 특징짓는 색감을 말한다. 명도는 색의 밝기 정도, 채도는 색의 선명한 정도이다. 「톤」은 명도와 채도가 합쳐진 것이다. 무채색은 명도만 있다.

이 컬러시스템은 미국의 화가이자 미술교육자인 앨버트 만셀 (1858~1918)이 색이름을 붙이는 방법을 합리적으로 표현하고자 연구한 것이 바탕이 되었다. 테이블 코디네이트는 컬러 효과가 크기 때문에 전략적으로 활용하면 좋다.

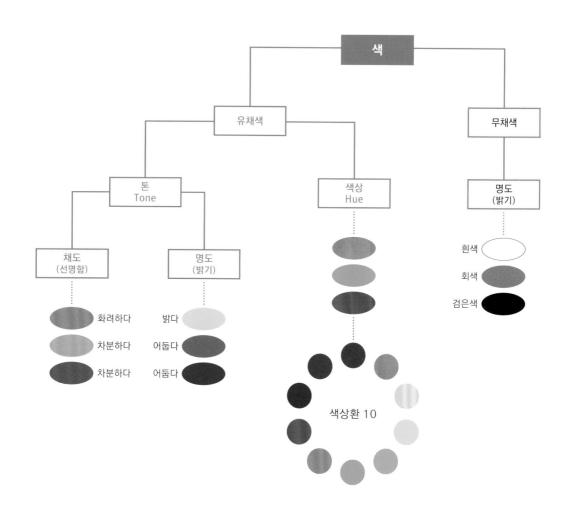

색상환 10

색상

색상이란 빨강, 노랑, 파랑처럼 색을 특징짓는 속성(색감)을 말하며, 색은 빛의 파장 차이에 따라 빨간색, 주황색, 노란색, 초록색, 파란색, 보라색처럼 연속적으로 변화하고 지각된다. 이것을 연속적으로 배열하여 원모양으로 만든 것이 「색상환」이다.

색상은 따뜻한 색(난색계), 차가운 색(한색계), 중성색으로 나눌 수 있다. 따뜻한 색 계열은 자주, 빨강, 주황, 노랑이며 심리적으로 따뜻한 느낌을 준다. 차가운 색 계열은 초록, 청록, 파랑, 남색이며 심리적으로는 차갑고 시원한 느낌을 준다. 중성색은 연두와 보라이며 따뜻함, 차가움 어디에도 속하지 않는다. 여름이면 한색 계열의 색을 사용해 시원한 느낌을 주고, 겨울이면 난색 계열의 색을 사용해 따뜻함을 느끼게 하는 등, 사람들은 본능적으로 색을 구분해 사용한다. 테이블 코디네이트에서도 목적에 따라 색을 선택하여 같은 효과를 얻을 수 있다.

색상환 10

톤

「톤」이란 색의 명도와 채도를 합친 것으로, 아래 그림의 세로축을 명도(위로 갈수록 밝아진다), 가로축(오른쪽으로 갈수록 선명해진다)을 채도로 설정하여 총 12가지 톤으로 나누었다. 12가지 톤은 「화려하다」「밝다」「차분하다」「어둡다」 등 4가지로 나눌 수 있다.

그림의 오른쪽 끝에 있는 「비비드(Vivid) 톤」은 색상 중에서 가장 선명한 색이다. 여기에 회색을 조금 더하면 「스트롱(Strong) 톤」이 되는데, 이 2가지 톤이 「화려한 톤」이다. 비비드 톤에 흰색을 더하면 「브라이트(Bright) 톤」「페일(Pale) 톤」「베리 페일(Very pale) 톤」이 되고, 이 3가지는 「밝은 톤」으로 분류된다.

비비드 톤에 회색을 섞으면 스트롱 톤에 이어서 「라이트(Light) 톤」「라이트 그레이시(Light grayish) 톤」「덜(Dull) 톤」「그레이시(Grayish) 톤」이 되며, 이 4가지는 「차분한 톤」이다. 검은색을 더하면 「딥(Deep) 톤」「다크(Dark) 톤」「다크 그레이시(Dark Grayish) 톤」이 되고, 이 3가지는 「어두운 톤」으로 분류된다.

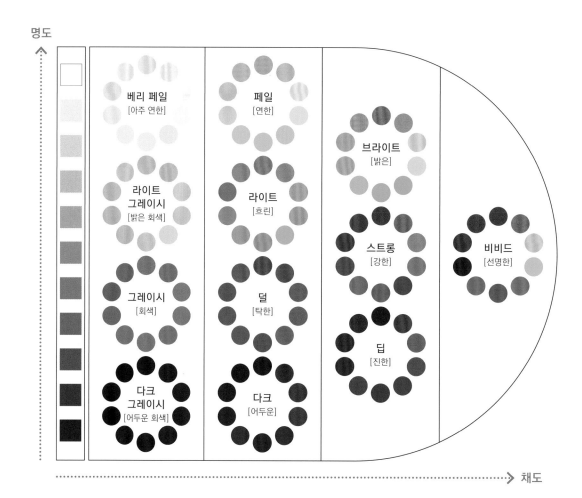

배색기술이란

「배색기술」이란 용어 그대로 색과 색을 조합하는 기술이다. 테이블 코디네이트에서도 앞서 설명한 컬러시스템에 대한 지식은 필수적이다.

색상 조합의 패턴에는 「동일색상」「유사색상」「반대색상」이 있다. 또한 사용하는 색을 정렬하는 기술에는 「그러데이션」「세퍼레이션」이 있다. P.78에서는 실제 코디네이트 샘플로 배색기술을 설명한다.

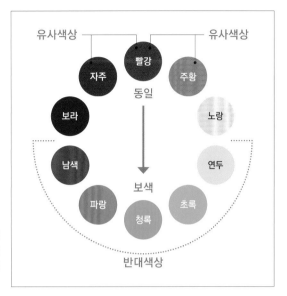

빨강을 기본으로 보면, 양옆 이웃 색상인 주황과 자주는 유사색상 관계이다. 반대쪽에 위치한 청록은 빨강의 보색이 되고, 보색을 포함한 남색에서 연두까지는 반대색상이 된다.

1. 동일색상

색상환에서 같은 색상에 속하는 색의 조합. 톤까지 같으면 같은 색이 되므로 톤으로 변화를 준다. 정리된 이미지다.

배색 샘플

2. 유사색상

색상환에서 양옆 색상의 조합이다. 동일색상보다 미묘한 뉘앙스가 생긴다. 정리된 이미지다.

배색 샘플

3. 반대색상

색상환에서 하나의 색상과 마주보는 보색을 포함한 5가지 색상과의 조합. 뚜렷한 임팩트를 주고, 눈에 띄는 이미지다.

배색 샘플

※ 톤에도 마찬가지로 「동일톤」「유사톤」「반대톤」 배색이 있다.

4. 그러데이션

밝음(명)에서 어둠(암)으로, 또는 색상환 순서 등 어떤 질서에 따라 서서히 색을 변화시키는 배색이다. 온화하고 섬세한 이미지다.

배색 샘플

5. 세퍼레이션

명-암-명, 암-명-암처럼 명도를 갑자기 변화시키거나, 한-난-한처럼 반대 요소의 색을 교대로 배치하는 배색이다. 검은색이나 흰색을 사이에 넣으면 긴장감 있고 강약 있는 이미지가 된다.

배색 샘플

배 색 기 술 1

동일색상 _ 색상환에서 같은 색상에 속하는 조합

POINT 코디네이트가 온화하게 정리되어
실패가 적다.

기본적인 화이트 플레이트를 사용하고, 전체를 분홍색
으로 정리한 테이블 코디네이트의 샘플. 테이블클로스
의 분홍색은 색상환에서 「자주색」 그룹에 속하며, 톤은
밝고 맑은 「브라이트 톤」이다. 플레이스 플레이트의 진
한 분홍색은 「비비드 톤」, 냅킨은 채도가 낮은 분홍색,
캔들은 진한 분홍색, 테이블플라워는 자주색 옆에 있는
보라색도 다소 있지만 전체적으로 분홍색 계열이라고
할 수 있다. 전체적으로 분홍색의 농담(짙음과 옅음), 다
시 말해 「자주색 그룹의 톤 변화」로 코디네이트하였다.

유사색상 →

유사색상 _ 색상환에서 양옆 색상의 조합

POINT 동일색상보다 미묘한 뉘앙스가 표현되며, 품위와 세련미가 더해진다.

왼쪽페이지 코디네이트의 화이트 플레이트와 테이블클로스의 색상은 그대로 사용하고, 캔들과 냅킨을 색상환에서 자주색 옆에 속하는 「보라색」으로 바꾼 샘플. 캔들은 그레이시한 「라이트 톤」, 냅킨은 연한 라일락색의 「페일 톤」을 선택해, 보라색 그룹 안에서 톤에 변화를 주었다. 플레이스 플레이트는 보라색 그룹의 「라이트 그레이시 톤」에 가장 가까운 무채색의 회색을 선택해 차분한 분위기를 연출하였다. 분홍색 계열에 그레이시한 보라색 계열의 농담이 더해지면, 품위와 부드러움이 느껴지는 코디네이트가 된다.

배 색 기 술 3

반대색상 _ 색상환에서 하나의 색상과 마주보는 보색을 포함한 5가지 색상과의 조합

POINT 색상 차이가 뚜렷해 동적인 이미지가 되고 임팩트가 생긴다.

테이블클로스 색상으로 색상환에서 「남색」을 선택하고, 정면에 위치한 보색 「노랑」과 반대색상인 「빨강」을 조합한 샘플. 디너 플레이트는 연한 남색으로 테이블클로스의 남색과 동일색상 관계이지만, 반대색상인 빨간색 플레이스 매트를 깔아 각각의 색이 돋보인다. 또한 보색인 노란색 유리 플레이트, 남색에 가까운 검정 냅킨 등 반대색상을 교대로 가져오면 모든 아이템의 특징을 확실히 살릴 수 있다. 검은색 화기 3개를 중앙에 나란히 놓고, 안스리움의 빨강, 헬리코니아의 주황으로 임팩트를 준다.

반대색상
패턴 2

POINT
중성색인 초록색이 많아지면서 왼쪽페이지보다 부드러운 느낌이 들지만,「눈에 띄다」또는 임팩트한 연출을 할 수 있다.

왼쪽페이지에서 사용한 플레이스 매트를, 색상환에서 테이블 클로스의 반대색상인「연두색」으로 교체하였다. 테이블플라워인 빨간색 안스리움과 오렌지색 헬리코니아, 잎의 초록색도 남색과 반대색상이기 때문에 각각의 색이 확실하게 강조된다. 연두색은 따뜻한 색 계열도 아니고 차가운 색 계열도 아닌 중성색이며, 디너 플레이트는 냅킨, 화기와 같은 무채색의 검은색. 테이블 위의 색상 수를 줄여 왼쪽보다 차분한 느낌이 든다.

그러데이션 _ 밝음(명)에서 어둠(암), 색상환 순서 등, 어떤 질서에 따라 색을 서서히 변화시키는 배색

POINT 부드럽고 섬세한 인상을 표현하기 쉽다.
고급스럽고 세련된 코디네이트를 연출할 수 있다.

무채색 회색의 농담으로 꾸민 그라데이션의 샘플. 회색의 경우에는 색감이 없어서 허전해 보이기 쉬우므로, 테이블 러너로 무늬를 더해 변화를 준다. 광택 나는 실버 플레이스 플레이트에, 마찬가지로 광택 있는 넓은 림이 특징인 실버 디저트 플레이트를 조합하고, 냅킨은 연회색을 선택하여 하나로 이어지는 회색 흐름을 만들었다. 센터피스의 화기도 실버와 회색 도기, 플라워 어레인지먼트도 연한 분홍색에서 보라색 등 온화한 색으로 정리하였다.

러너 협찬 / jokipiin pellava(요키핀 펠라바)·aulii(주식회사 웨스트코스트)

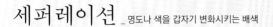

세퍼레이션 _명도나 색을 갑자기 변화시키는 배색

POINT 강약이 있으며, 깔끔하고
모던한 인상을 준다.

명 – 암 – 명, 암 – 명 – 암처럼 명도를 변화시키거나,
한–난–한처럼 반대요소를 가진 색을 교대로 배색하는 등,
명도와 색을 급격하게 변화시키는 배색이다. 테이블 코디네
이트에서는 흰색이나 검은색을 넣어도 효과적이다.
여기서는 명도가 낮은 진한 감색 테이블클로스에 명도가 높
은 흰색 러너를 깔아 세퍼레이션을 했다. 테이블에 강약이
생겨 샤프한 이미지로 완성된다. 냅킨은 클로스의 진한 감
색과 톤이 다른 같은 색이다. 전체적으로 진한 감색과 흰색
의 대비가 뚜렷해 산뜻한 느낌을 준다.

악센트 효과

마찬가지로 진한 감색 클로스에 흰색 러너로 세퍼레이션을 했지만, 왼쪽 사진과 비교하면 덜 세련된 느낌이 든다. 이유는 흰색의 분량에 있다. 러너 폭이 넓어져 흰색 면적이 늘어났기 때문이다. 베이스 컬러인 감색에 대해 흰색의 비율은 9:1 또는 8:2 정도가 균형 있게 보인다. 이 코디네이트의 경우에는 흰색과 빨간색이 포인트 컬러인데, 흰색이나 빨간색과 같은 고채도 색을 사용할 때는 면적을 작게 해서 확실한 효과를 살리는 것이 비법이다.

테이블클로스의 색과 무늬의 효과

테이블 면적을 가장 많이 차지하는 테이블클로스의 색상에 따라 테이블 코디네이트의 이미지가 달라진다고 해도 과언이 아니다.
이 페이지의 샘플에서는 무지 클로스를 사용하였다. 베이지색 리넨클로스와 초록색 냅킨의 조합은 유사색상 배색이다. 테이블플라워도
초록색이 많은 어레인지먼트이므로, 전체적으로 온화하고 부드러운 느낌을 준다. 좀 더 강약을 주고 싶을 때는, 같은 무지라도 냅킨의
초록색과 반대색상인 클로스를 조합한다.

무늬가 없는 경우

POINT
초록색 냅킨과 꽃의 라인이 눈에 띄며,
고급스러운 느낌을 주어 실패가 없다.

이 페이지에서는 식기와 테이블플라워는 그대로 두고, 클로스를 무늬 있는 것으로 바꾼 샘플. 플레이트가 무지이거나 특징이 별로 없는 경우에는, 클로스에 색상과 무늬가 있는 것을 선택하면 색감이 더해진 만큼 화려함과 즐거움이 커진다. 일반적으로 무늬가 크면 임팩트를 주기 쉽고, 작으면 「로맨틱」하거나 「내추럴」한 우아한 이미지가 된다.

무늬가 있는 경우

POINT 화려하고 즐거운 이미지. 무늬와 꽃, 냅킨 등 어딘가에 공통색이 있으면 정돈된 느낌을 쉽게 줄 수 있다.

색이 주는 심리적 효과

같은 테이블 세팅이라도 색 차이로 이미지가 크게 달라진다. 사람이 눈으로 볼 수 있는 가시광선의 폭은 적색 780㎚(나노미터)에서 보라색 380㎚까지로 알려져 있다. 그 시각에 들어오는 색광은 인간의 생리와 심리에 깊은 영향을 미친다고 여겨져, 색채와 심리의 연관성에 대한 연구가 진행되고 있다. 식공간에서도 색채심리를 살려 목적에 맞게 색을 전략적으로 사용할 수 있다. 여기서는 빨강, 파랑, 초록, 보라를 샘플로 어떤 심리적 효과가 있는지 설명한다.

빨강

강한 생명력과 에너지, 정열, 환희 등을 나타내는 색으로, 아드레날린 분비를 촉진해 신경을 흥분시키는 작용이 있다. 식욕을 자극해 음식이 맛있게 느껴지는 색이다.

파랑

스트레스나 신경의 긴장을 완화하는 작용이 있으며, 차분한 정신상태로 이끄는 색이다. 식욕을 감퇴시키는 색이기 때문에, 다이어트를 할 때 파란색 클로스나 플레이트를 많이 사용하면 효과적이다.

POINT 색채에 따라 사람의 심리는 변한다.
목적에 맞게 구분해 사용하면 효과적.

초록

안전과 평화, 안정, 편안함을 상징하는 색. 또한 뇌의 흥분을 가라앉히는 작용도 있어서 시신경이나 피로, 스트레스를 풀어주는 색이다.

보라

예로부터 고귀한 사람에게만 허용되는 금단의 색이며, 고위·고귀를 상징하는 색이다. 또한 힐링 컬러이기도 하여 마음에 상처를 받았을 때 치유해주는 색이라고 한다. 일본식 코디네이트, 일본식 모던에 사용하면 효과적이다.

다색상 배색 코디네이트 샘플 패턴 1

다양한 색상을 풍부하게 사용해 코디네이트한 다색상 배색 테이블 코디네이트 샘플. 색상환에서 「빨강」, 「주황(오렌지색)」, 「노랑」, 「연두」, 「초록」 등 5가지 색상을 선택하였다. 노란색과 초록색 무늬 테이블클로스에 코랄오렌지색 플레이스 플레이트, 흰색 무지 디너 플레이트, 흰색에 연두색 무늬가 있는 디저트 플레이트를 겹쳐 놓았고, 냅킨과 커틀러리는 오렌지색과 빨간색을 사용하였다. 꽃은 연한 오렌지색 거베라 한 송이를 장식했다.

캐주얼한 테이블 코디네이트에는 격식 있는 세팅이 아니어도 괜찮다. 커틀러리를 엇갈리게 겹쳐 놓거나, 냅킨이나 커틀러리 색을 바꿔도 즐겁게 연출할 수 있다.

POINT
즐겁고 재미있고 활기찬 이미지.
캐주얼한 상황에 잘 어울린다.

컬러풀한 채소의 색채가 더해진 밝고 명랑한 이미지의 런치 테이블. 많은 색상을 사용했지만, 채소를 포함한 5가지 색이 균형을 이루고 있어서 어수선한 느낌이 들지 않는다.

Variation!
색을 더해 플레이트의 이미지를 돋보이게 한다

플레이스 플레이트를 연두색으로, 디너 플레이트를 림에 오렌지색 라인이 들어간 것으로 바꾼 샘플. 디너 플레이트에 색이 더해져, 위의 세팅에 비해 플레이트의 인상이 확실히 돋보인다.

다색상 배색 코디네이트 샘플 _{패턴 2}

테이블클로스를 흰색으로 바꾸고, 빨간색 테이블러너
를 사선으로 깐 샘플. 사용한 색은 빨강, 오렌지색, 노
랑, 연두, 초록으로 같지만, 흰색과 빨간색의 대비가 더
해져 좀 더 모던하고 세련된 느낌이 든다.

POINT 테이블러너의 효과로
모던한 이미지가 된다.

베이스 컬러가 화이트로 바뀌면서 색의 분량이 줄어들었기 때
문에, 색이 악센트 역할을 하여 깔끔한 이미지가 된다.

러너 협찬 / jokipiin pellava (요키핀 펠라바) · aulii(주식회사 웨스트코스트)

학 습 포 인 트
● 플레이트, 커틀러리, 글라스, 냅킨, 테이블플라워의 형태(디자인) 차이를 이해한다.
● 코디네이트의 테마와 격식, 상황에 따라 구분해 사용하는 비법을 배운다.

플레이트의 형태

양식기에서 플레이트는 「둥근 접시」라고 불리는 원형이 기본이다. 이 밖에 정사각형, 직사각형, 타원형, 삼각형, 꽃모양 외에 잎모양을
모티브로 한 변형된 형태도 있다. 플레이트의 형태를 바꾸면 테마성을 돋보이게 하거나 연출하고 싶은 이미지에 가까워질 수 있어서 테
이블에 즐거움과 재미를 더할 수 있다.

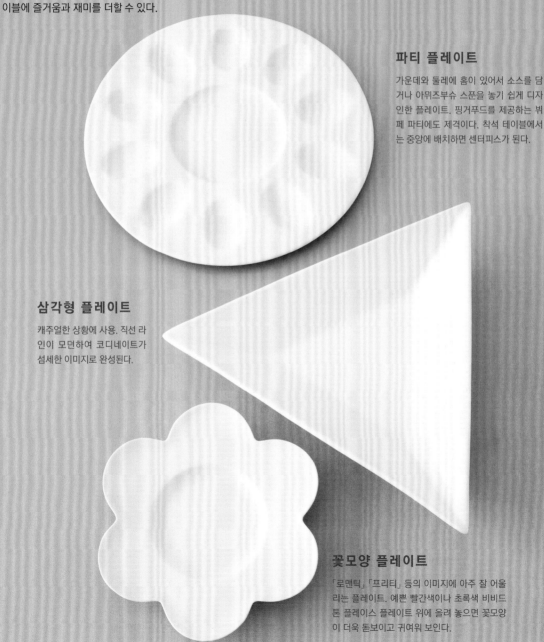

파티 플레이트

가운데와 둘레에 홈이 있어서 소스를 담
거나 아뮈즈부슈 스푼을 놓기 쉽게 디자
인한 플레이트. 핑거푸드를 제공하는 뷔
페 파티에도 제격이다. 착석 테이블에서
는 중앙에 배치하면 센터피스가 된다.

삼각형 플레이트

캐주얼한 상황에 사용. 직선 라
인이 모던하여 코디네이트가
섬세한 이미지로 완성된다.

꽃모양 플레이트

「로맨틱」「프리티」 등의 이미지에 아주 잘 어울
리는 플레이트. 예쁜 빨간색이나 초록색 비비드
톤 플레이스 플레이트 위에 올려 놓으면 꽃모양
이 더욱 돋보이고 귀여워 보인다.

링 플레이트

고리모양의 홈이 있는 유리 플레이트. 소스가 홈으로 흐르도록 디자인되어 있어서 전채나 디저트 등을 담는 방법에 따라 다양한 연출이 가능하다.

POINT 기본은 둥근 접시. 모양을 바꿈으로써 테마와 재미가 있는 연출이 가능하다.

잎모양 플레이트

은행잎 모양의 유리 플레이트. 양식뿐만 아니라 일식, 중식에서도 사용할 수 있는 활용도가 높은 플레이트이다. 노란색이나 빨간색은 단풍의 계절이나 깊어가는 가을의 이미지를 연출할 수 있다. 여백을 살려 요리를 담으면 플레이트가 지닌 느낌이 잘 살아난다.

타원형 플레이트

서비스 아이템으로, 모둠접시로 사용하거나 오르되브르 또는 샌드위치를 담는 등 파티에서 사용한다. 티세트의 트레이로 대신 써도 좋다.

협찬 / M.STYLE(미야자키 식기 주식회사)

다른 형태의 플레이트를 겹쳐 놓는다

캐주얼한 더블 플레이트 세팅에서는, 디너 플레이트 위에 겹쳐 놓는 디저트 플레이트의 형태에 따라 이미지를 쉽게 변화시킬 수 있다. 여기서는 같은 디너 플레이트 위에 다른 형태의 플레이트를 놓았다. 한 장의 플레이트가 지닌 시각효과를 잘 알 수 있다.

POINT 겹쳐 놓는 플레이트의 형태로 같은 세팅에도 변화가 생긴다.

원형 × 원형

안정감 있고 스탠더드한 테이블 세팅.

원형 × 사각형

원형×원형에 비해 변화와 움직임이 생겨 즐거운 이미지가 된다.

원형 × 꽃모양

꽃모양 플레이트가 겹쳐지기 때문에 훨씬 귀여운 이미지가 된다.

원형 × 변형(유리)

잎모양 디자인을 변형한 유리 플레이트. 특별한 요리가 제 공될 것 같은 기대감이 커지 는 이미지다.

형태의 변화를 보여주는 코디네이트 샘플

P.94~95에서 소개한 플레이트를 사용한 테이블 코디네이트이다. 정사각형의 가죽 소재 플레이스 플레이트에 검은색 원형 접시를 놓고, 골드 컬러의 잎 모양 플레이트를 겹쳐 세팅한다. 중앙에는 파티 플레이트를 조금 높게 배치했다. 식사가 시작될 때 아뮈즈부슈를 제공하는 이미지이다. 테이블플라워는 크고 작은 흰색 화기에 용버들, 헬리코니아, 안스리움을 조합하여 움직임을 표현하였다. 플레이트의 형태에 변화가 생기기만 해도 즐거운 분위기가 더해진다.

POINT 형태의 변화로 즐거움이 커진다.

잎모양 플레이트를 검은색 둥근 접시에 올리면 색과 형태의 이미지가 더욱 선명해진다.

식기 협찬 / M.STYLE(미야자키 식기 주식회사)

커틀러리의 형태와 스타일

POINT 디자인과 양식(스타일)을 이해하면 플레이트 선택에 도움이 된다.

한 단어로 커틀러리라고 부르지만, 형태는 다양하다. 여기서는 양식(스타일)과 형태(디자인)의 밀접한 관계에 대해 프랑스 실버웨어 브랜드 「크리스토플」의 커틀러리 컬렉션으로 설명한다. P.101부터 페이지를 넘길수록 양식이 점점 새로워지고 손잡이 부분의 디자인에도 변화가 보인다. 커틀러리 스타일의 특징을 이해하면 조합하는 플레이트와의 거리감이 좁혀져 커틀러리와 플레이트의 조화가 이루어진다.

커틀러리 협찬 / 크리스토플 호텔 오쿠라 도쿄점

로코코 ~ 엠파이어 양식

자뎅드 에덴 JARDIN D'EDEN

에덴동산에서 영감을 얻어 디자인되었다는 컬렉션. 격자무늬에 로맨틱한 꽃과 잎이 가득 그려져 있어 이 커틀러리를 세팅하는 것만으로도 테이블이 화사해진다. 나이프의 날이나 포크 뒷면(왼쪽) 등 작은 부분에도 장식이 있는 것이 특징이다.

펄 PERLES

진주목걸이가 커틀러리 테두리를 장
식하듯이 디자인된 릴리프(부조)는 루
이 16세 양식의 전형인 비즈 장식의
영향을 받았다. 세련된 테이블에 잘
어울린다.

로코코 양식

마를리 MARLY

루이 14세에 의해 파리 근교에 세워
진 마를리성에서 유래. 컬렉션 중에서
는 가장 장식이 복잡하고 우아하다.
손잡이 부분의 볼록한 형태가 고급스
러운 느낌을 준다.

네오클래식 양식

뤼방 RUBANS

「뤼방」은 프랑스어로 리본을 뜻하며,
루이 16세 양식에서 많이 보이는 장
식 모티브 중 하나이다. 테두리를 따
라 리본을 매단 디자인은 테이블을 사
랑스럽고 화려하게 만든다.

클루니 CLUNY

10세기 부르고뉴 지방에 세워진 수도
원의 이름이 붙여진 컬렉션. 18세기에
제작된 가장 클래식한 커틀러리이면서
일체의 장식을 생략한 군더더기 없는
심플한 디자인이 특징으로, 취향을 가
리지 않는다.

말메종 MALMAISON

나폴레옹 보나파르트의 왕비 조제핀이
살았던 거성 말메종성을 이미지화한
컬렉션. 엠파이어 양식의 전형적 스타
일인 종려나무와 연잎 장식이 좌우 대
칭으로 테두리를 둘러싸고 있다. 클래
식하고 기품 있는 상황에 잘 어울린다.

아르데코 양식

아메리카 AMERICA

1930년대에 유행했던 아르데코 양식의 컬렉션. 제1차대전 후, 자유로운 발상에서 많은 문화를 만들어낸 미국에 경의를 표하는 의미로 붙여진 이름이다. 기하학적이며 심플한 디자인은 모던한 디자인의 플레이트에 잘 어울린다.

포스트모던 양식

아리아 ARIA

손잡이 부분에 연결된 매끄러운 조각은 오페라에서 부르는 노래의 선율을 이미지화한 것. 이 컬렉션이 발표된 1980년대에 일어난 포스트모더니즘의 흐름을 이어가고 있다. 고대 건축의 원기둥에서도 보이는 디자인이 테이블을 화려하게 만든다.

와인 종류에 따른 글라스의 형태

서양식 테이블에서 와인 글라스는 필수 아이템이다. 어떻게 입속으로 들어가서 혀 위를 흘러가느냐에 따라 맛의 느낌이 달라지는 와인. 글라스의 형태는 레드와인, 화이트와인, 샴페인이라는 분류뿐만 아니라, 와인의 종류(포도 품종)에 따라서도 달라진다. 여기서는 세계 각국의 와인 생산자와 함께 각 와인에 어울리는 최적의 글라스 형태를 개발 중인 오스트리아의 글라스 메이커「리델(Riedel)」의「소믈리

레드와인

보르도 그랑 크뤼

프랑스 보르도산 레드와인용 글라스. 보르도 레드와인을 작은 글라스에 따르면 타닌과 오크통의 향이 강하게 느껴지는데, 이 글라스는 용량 860㎖의 큰 볼이 특징이다. 이 볼이 와인을 충분히 숨쉬게 하고, 특유의 산미와 타닌을 지닌 보르도 와인의 다양하고 섬세한 맛을 돋보이게 한다.

레드와인

부르고뉴 그랑 크뤼

프랑스 부르고뉴 레드와인, 피노 누아 등에 최적인 글라스. 복합적인 향을 열어주는 큰 볼과 좁아졌다 넓어지는 플레어 형태의 림이 특징이다. 이 림을 따라 와인이 혀끝으로 전해져 우아한 산미와 풍부한 과실미가 어우러지며, 풍부한 와인의 맛이 최대한으로 표현된다.

※ 볼(Bowl)은 와인을 담은 부분을, 림(Rim)은 와인을 마실 때 입술에 닿는 글라스의 가장자리.

에(Sommelier)」(P.104~105) 와인 글라스를 소개하며, 그 형태에 대해 이야기한다. 더불어 사케용으로 개발된 글라스와, 와인을 옮겨 담아 테이블에서 사용하는 디캔터도 소개한다.

POINT

포도 품종에 따라서도 달라지는 글라스 형태. 서양식 테이블에 어울리는 사케용 글라스도 있다.

글라스 디캔더 협찬 / 리델 재팬

삼페인
샴페인 와인 글라스
기존의 플루트형이 아닌 달걀형 볼이 특징. 와인과 공기의 접촉면적이나 향을 머금은 공간의 부피가 크고, 샴페인을 화이트와인용 글라스로 마시는 최신 트렌드를 반영하였다.

레드·화이트와인
진판델/리슬링 그랑 크뤼
레드와인에서 화이트와인까지 폭넓게 사용할 수 있는 글라스. 섬세한 와인이 지닌 다양한 향을 모아주는 긴 볼이 특징이다. 혀끝으로 전해진 와인이 힘차게 흘러들어 산미와 과일맛이 어우러지게 한다.

레드와인
에르미타주
스파이시한 맛이 특징인 레드와인, 시라를 위한 글라스. 살짝 오므라진 입구가 와인을 혀끝으로 전해주며, 풍부한 과일맛 뒤에 남는 세련된 산미를 돋보이게 해주는 형태이다.

화이트와인
몽라셰 샤르도네
응축된 과일맛과 부드러운 산미를 지닌 부르고뉴의 「몽라셰」를 비롯한 화이트와인용 글라스. 통통한 볼과 크고 넓은 림이 와인의 개성을 돋보이게 한다.

수퍼레제로 SUPERLEGGERO
다이긴조

다이긴조(정미비율 50% 이하로 빚은
사케)에 특화된 글라스. 차가운 다이긴
조를 볼의 가장 넓은 부분의 조금 아래
까지 붓고 잔을 돌리면, 공기와 충분히
접촉하여 신선한 과일향이 퍼진다.

수퍼레제로 SUPERLEGGERO
준마이 글라스

준마이(쌀과 누룩, 물만으로 빚은 사케)
에 특화된 글라스. 크고 가로로 긴 볼과
입구가 넓은 형태가 준마이의 특징인
쌀에서 나오는 풍부한 맛을 돋보이게
하며, 부드럽고 크리미한 텍스처를 입
안에 오래 머금게 해준다.

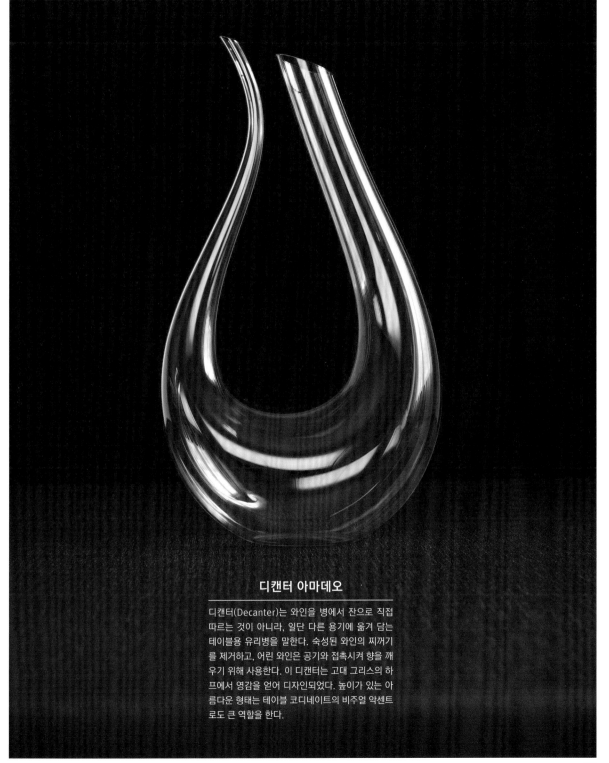

디캔터 아마데오

디캔터(Decanter)는 와인을 병에서 잔으로 직접 따르는 것이 아니라, 일단 다른 용기에 옮겨 담는 테이블용 유리병을 말한다. 숙성된 와인의 찌꺼기를 제거하고, 어린 와인은 공기와 접촉시켜 향을 깨우기 위해 사용한다. 이 디캔터는 고대 그리스의 하프에서 영감을 얻어 디자인되었다. 높이가 있는 아름다운 형태는 테이블 코디네이트의 비주얼 악센트로도 큰 역할을 한다.

냅킨 폴딩의 효과

테이블 코디네이트에 빼놓을 수 없는 냅킨은 접는 방법(냅킨 폴딩)에 따라 이미지를 변화시킨다. 포멀이나 세미포멀의 경우에는 너무 많이 접지 않고 심플하게 접는다는 규칙이 있지만, 냅킨 폴딩을 통해 코디네이트의 주제나 메시지를 전달할 수 있다. 여기서는 대표적인 접는 방법에 따른 냅킨의 「형태」 차이를 소개한다. 일반적으로, 입체적으로 접어서 곡선을 보여주면 화려해지고, 직선을 살리면 모던한 이미지가 된다.

우아함 & 화려함

POINT 입체적으로 접어서 곡선을 살린다.

[레이디]
프릴이 화려하며 세워두어도 OK.

[페스티벌]
위로 부드럽게 부푼 형태는 우아하게 접는 방법의 정석.

[세일 보드]
냅킨으로 임팩트를 주고 싶을 때 사용한다.

모던 & 심플

POINT 직선을 살려 깔끔하게 접는다.

[크루아상]
돌돌 말기만 해도 스타일리시한 분위기가 된다.

[다이애거널 스트라이프 DIAGONAL STRIPE]
비스듬한 라인이 섬세한 느낌. 주머니 타입이어서
카드나 커틀러리를 넣어도 좋다.

[판탈롱]
네임카드나 메세지를 끼우는 등 폭넓게 활용할 수 있다.

POINT 캐주얼한 상황에 어울린다. 사계절 행사에 맞추어 사용한다.

[토끼]
추석 달맞이나 부활절 외에도
어린이 행사 등, 귀여운 연출에 사용한다.

[장화]
크리스마스 테이블에 올려놓으면
데코레이션 효과도 있다.

[소년]
남자아이를 모티브로 한 접는 방법.
어린이날이나 생일축하 테이블에 어울린다.

[소녀]
여자아이를 모티브로 한 접는 방법.
여자아이와 관계 있는 축제나 생일파티에 어울린다.

모티브 꽃모양

[백합]
백합을 모티브로 한 접는 방법.
왕관을 닮은 기품 있는 형태는 우아한 테이블에 어울린다.

POINT
무지 플레이트에 올리면 돋보인다.
테이블에 악센트가 필요할 때 사용한다.

[장미]
인기가 많은 장미를 모티브로 한 접는 방법.
테이블에 꽃이 핀 듯한 느낌이 든다.

Tips!

글라스에 넣으면 NG?

사진은 「카틀레야」라는 접기 방법으로, 글라스에 꽂아 높이감을
연출하면 움직임이 돋보여 더욱 화려해진다. 연회 등에서 볼 수
있는 연출 방법이지만, 실제로는 냅킨의 보풀이 글라스에 남는 등
위생문제가 있다. 음식이 함께하는 코디네이트나 공식적인 자리
에서는 피하는 것이 좋다.

테이블플라워와 화기의 조합

P.58~61에서 테이블플라워의 역할과 기본 디자인에 대해 설명했는데, 같은 꽃을 선택하더라도 어떤 모양의 화기와 조합하느냐에 따라 테이블 코디네이트가 주는 이미지가 달라진다. 여기서는 기본 이외에 활용도가 높은, 테이블플라워에 적합한 화기에 대해 설명한다.

유리 화기

POINT 모든 계절에 OK. 심플하고 내추럴한 코디네이트에 잘 어울린다.

구형, 정사각형, 원기둥 모양 등 유리 소재 화기는 디자인이 다양하다. 최근에는, 겉보기에는 유리와 다르지 않은 차세대 화기인 깨지지 않는 글라스 폴리카보네이트 소재도 있다. 자연스러운 인상을 주며, 상쾌함과 청량감을 연출할 수 있다.

Flower & Green
장미, 줄기 스위트피, 하이베리쿰, 천일홍, 유칼립투스, 패랭이꽃 '그린트릭'

링모양 화기

POINT 모든 계절에 OK. 센터피스에도,
사이드에 두어도 좋다.

전체에 꽃을 넣으면 모양이 리스처럼 보여 화려하고 사랑스러운 이미지가 된다. 사진처럼 한쪽에만
어레인지하면 화기의 여백을 즐길 수 있으며 동양식, 서양식에 폭넓게 활용할 수 있다. 평면적인 디
자인 외에도, 입체적으로 꽃을 배치하거나 자연상태에서 자라는 것처럼 어레인지할 수도 있다.

Flower & Green
장미, 줄기 스위트피, 모카라, 파부초, 리시안셔스, 천일홍

가로로 긴 화기

POINT 직사각형 테이블에 어울리는
디자인.

센터피스나 사이드에 놓는 테이블플라워에 적합하다. 이 화기처럼 유선형인 경우에는 전체에 꽃을
꽂으면 화사한 느낌이 들고, 부분적으로 어레인지하면 형태를 효과적으로 보여줄 수 있다.

Flower & Green
안스리움, 장미, 리시안셔스, 하이베리쿰, 패랭이꽃 '그린트릭',
나무딸기 '베이비핸즈', 파부초

케이크스탠드

POINT 로맨틱부터 시크함까지, 꽃의 재료로 이미지에 변화를 준다.

원래는 디저트 등을 담는 케이크스탠드이지만, 작은 플로랄폼을 세팅하고 악센트로 꽃을 장식하면 티 또는 애프터눈 티의 테이블플라워로 연출 효과가 있다. 소량의 꽃 재료나 작은 꽃으로도 충분한 효과를 볼 수 있다.

Flower & Green

장미, 리시안셔스, 하이베리쿰, 나무딸기 '베이비핸즈', 파부초, 화이트스타

형태를 살린 코디네이트 샘플

POINT
색을 적게 사용하면 형태가 돋보인다.
시각과 촉각을 자극하는 연출을 할 수 있다.

재미있는 모양의 그릇이 있는 식탁은 흥미롭고, 손님의 호기심을 자극한다. 디자인이 다양한 식기들이 주인공으로, 부르고뉴와 보르도 와인, 그와 잘 어울리는 아뮈즈부슈를 즐기는 상황을 가정한 테이블 코디네이트이다. 도야마현 타카오카시에서 대를 이어온 타카오카 구리식기 제조원, 요츠가와 제작소의 브랜드「KISEN(기센)」에서 소재와 형태가 미래지향적인 아이템을 선택했다.

중앙에 놓인 존재감 있는 골드실버 식기는「디시 크레이들(Dish Cradle)」이라는 놋쇠와 나무로 만든 제품이다. 크레이들은 영어로「요람」을 뜻하는데, 이름 그대로 요람처럼 흔들릴 것 같은 달걀모양이 특징이다. 가로로 놓는 시각적인 임팩트와 손으로 감싸듯이 잡으면 딱 좋은 크기의 편안함을 느낄 수 있는 테이블은 자극적이며 실험적이다.

형태나 질감을 돋보이게 하려면 색을 적게 사용하는 것이 포인트. 여기서는 회색 테이블클로스를 배경으로 하고, 악센트로 보라색 테이블러너를 사용했다. 전체적으로는 회색 안에서 각각의 아이템이 춤을 추는 듯한 존재감을 보여준다.

식기 협찬 / KISEN(유한회사 요츠가와 제작소)
• 디시 크레이들(Dish Cradle)
• 디시 풍기 미드(Dish Fungi Mid) 골드 / 플래티넘
• 와인 글라스 아로월(Arowirl) 부르고뉴 / 보르도

1인 세팅. 프랑스 리모주 자기 「하빌랜드(Haviland)」의 디너 플레이트에 여러 가지 아뮈즈부슈가 놓이는 이미지. 스웨덴 커틀러리 브랜드 「겐세(Gense)」의 스테인리스 소재 아뮈즈부슈 디시, 알루미늄에 금박을 입힌 KISEN의 「디시 풍기」, 숏글라스를 세팅하였다. 서로 다른 소재와 모양의 식기에 담긴 아뮈즈부슈는 마치 무대와 같은 감동을 선사한다.

KISEN의 「아로월(Arowirl)」은 2피스 구조의 와인 글라스. 금속 베이스를 축으로 하여 글라스를 돌리면 와인의 향과 맛이 열리도록 설계되어 있다. 흔들리는 글라스가 불안정해 보이지만, 넘어질 염려가 없어 사실은 안심. 볼록한 형태가 특징인 「부르고뉴」는 화이트와인이나 로제, 마일드한 레드와인용이다(왼쪽 글라스). 우아한 S라인이 특징인 「보르도」는 레드와인용으로 제격이다(오른쪽 글라스).

디시 크레이들은 테이블 중앙과 높이감 있는 우드 플레이트 위에도
세팅한다. 형태가 다른 아이템도 높낮이 차이를 두고 배치하면 리듬
감이 생기고 깔끔한 이미지가 된다.

화기의 종류와 사용법

테이블플라워에 사용하는 화기는 시판 화기 외에도 글라스나 캔들스탠드, 플레이트, 컴포트, 와인 쿨러 등을 활용할 수 있다. 캐주얼한 테이블 코디네이트의 경우에는 빈병이나 빈 캔, 주방용품에 꽃을 꽂아도 재미있다. 원하는 테이블 코디네이트의 콘셉트와 매치하여 격식이 잘 맞으면, 화기는 자유롭게 응용할 수 있다. 여기서는 이 책에서 사용한 화기의 일부와 사용법의 아이디어를 소개한다.

A 「LSA International」의 컬러유리로 된 샴페인 글라스를 반복해서 놓아 화기로 사용. 반복규칙으로, 소량의 꽃으로도 모던하게 연출할 수 있다(P.137).

B 회색 유리 화기. 입구가 넓어 꽃을 많이 사용하여 화려하게 어레인지해도 좋고, 송이가 큰 꽃을 조금만 꽂아도 된다. 이 책에서는 크고 작은 화기를 사용해 각각의 꽃을 모아서 꽂는다(P.151).

C 얕고 입구가 넓은 유리 화기. 칼라나 튤립 등은 길고 부드러운 줄기를 살려 그대로 어레인지할 수 있다. 큰 잎으로 플로랄폼을 가리면 어떤 디자인도 가능하다 (P.165).

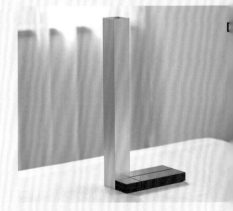

D 알루미늄 소재의 「ALART(알아트)」 화기. 직선의 심플한 형태는 모던 스타일 테이블 코디네이트에 제격이다. 동양식과 서양식 모두에 폭넓게 사용할 수 있다 (P.181).

E ALART의 화기. 원형 알루미늄 프레임에 유리 화기를 고정해 놓은 디자인. 이 책에서는 칼라를 사용했지만, 나무줄기를 꽂으면 일본풍 코디네이트가 된다 (P.159).

F 철제 꽃꽂이 도구. 시험관을 꽂아 사용할 수도 있고, 꽃을 한 송이만 꽂아도 된다. 물이 많이 담기지 않기 때문에, 수국이나 불두화 등 물을 많이 필요로 하는 꽃에는 적합하지 않다(P.90).

G 크고 작은 책모양의 사각형 도기 화기. 플로랄폼을 사용하거나 꽃만으로 고정할 수도 있다. 심플하고, 동양식에도 서양식에도 사용할 수 있는 활용도 높은 디자인이다(P.169).

H 검은색의 유선형 도기 화기. 비대칭적인 플라워디자인에 적합하다. 심플해도 개성적이기 때문에, 특징이 강한 꽃이 균형을 맞추기에 좋다(P.175).

I 스테인리스 소재의 캔들스탠드. 플로랄폼을 사용해 반복규칙으로 꽃을 어레인지하면 모던한 이미지가 된다(P.186).

B

C

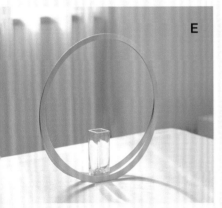

E

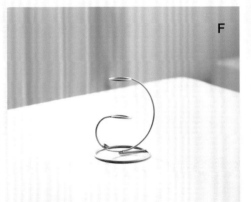

F

H

I

플레이트의 소재

POINT
기본적인 자기, 본차이나, 도기를 비롯해 칠기와 신소재 수지 등 다양하다.

플레이트의 소재는 정말 다양하다. 서양식 테이블에서는 자기, 본차이나, 도기가 일반적이다.

자기는 카올린(고령토)이 함유된 도석을 주원료로 하여 고온에서 구워낸 것이다. 도자기 중에서는 가장 강하고, 나이프나 포크에 의한 흠집이 잘 나지 않으며, 투명도가 높은 화이트가 특징이다.

본차이나는 카올린 대신 소의 뼛가루를 첨가하여 만든 연질자기이다. 상아색의 부드러운 질감이며, 뼛가루를 50% 함유한 파인 본차이나는 화이트 바탕에서 온기가 느껴진다.

도기는 점토를 원료로 하여 구워낸 것으로, 두툼하고 묵직하며 내열성과 보온성이 뛰어나다. 바탕의 표면에서 느껴지는 소박한 따뜻함이 사랑받는다.

그 밖에 스톤웨어(Stoneware)라고 불리며 소박한 감촉이 특징인 석기, 목기, 칠기 등 예로부터 동양에서 식기로 사용해온 소재, 또는 수지에 특수가공을 한 신소재 등 다양해진 식생활에 맞춰 계속해서 개발되고 있다.

A

B

A 도색 식기
이시카와현 야마나카 칠기의 전통을 계승한 플레이트. 소재는 가벼운 엄나무이고, 림 부분의 메탈릭핑크 우레탄 도장이 포인트. 나뭇결을 살려 테이블을 연출한다.
협찬 / 유한회사 아사다 칠기공예

B 수지
포화 폴리에스테르와 유리섬유를 결합한, 투명도가 있고 내구성이 뛰어난 신소재가 원료. 물결무늬가 모던한 이미지다
협찬 / ARAS(이시카와 수지공업 주식회사)

같이 놓으면 소재에 따른 이미지 차이를 잘 알 수 있다.
C 우드   D 슬레이트   E 본차이나
F 도기(협찬 / secca.inc.)   G 스테인리스
H 유리   I 석기(협찬 / secca.inc.)   J 자기

소재가 다른 플레이트를 겹쳐 놓는다

더블 플레이트 세팅으로, 플레이트를 겹치는 방법을 4가지로 변화시켜 보았다. 이 페이지에서는 자기, 오른쪽 페이지에서는 수지 디너 플레이트를 사용하여, 각각 위에 겹쳐 놓는 플레이트의 소재를 바꾸었다. 플레이트의 질감에 맞추어 커틀러리와 테이블플라워도 바꾼다.

> **POINT** 소재의 조합으로 테이블 이미지가 달라진다. 계절감 연출도 가능.

자기 × 자기

같은 소재, 같은 시리즈의 더블 플레이트는 깔끔하고 격식 차린 분위기가 된다. 그러나 흥미롭기보다는 조금 지루한 느낌이 들기도 한다.

자기 × 유리

위에 겹쳐 놓는 플레이트를 컬러무늬가 들어간 유리 소재로 바꾸었다. 왼쪽 코디네이트에 비해 흥미로움과 재미가 더해진다.

수지 × 유리

디너 플레이트를 매트한 수지 소재로 바꾸고 유리 플레이트를 겹쳐 놓은 샘플. 산뜻하고 여름에 어울리는 모던한 테이블이 된다. 왼쪽페이지의 실버 커틀러리를 플레이트와 같은 수지 소재로 바꾸고, 테이블플라워도 질감을 강조해 모던하게 어레인지하였다.

수지 × 도기

겹쳐 놓는 플레이트를 개성 있는 컬러와 질감의 도기로 바꾼 샘플. 왼쪽 코디네이트에 비해 중후한 느낌으로, 가을 · 겨울용 코디네이트에 잘 어울린다.

커틀러리의 소재

커틀러리의 대표적인 소재는 순은(스털링 실버), 양은도금(실버 플레이트), 스테인리스이다. 은은 부드러워서 이것만으로는 커틀러리로 사용하기 어려우므로 구리를 더해 경도를 높인다. 순은은 순도 92.5% 이상이 기준이다. 대표적인 순은보증제도로 영국의 홀마크 제도 가 있다.

양은도금은 구리, 니켈, 아연의 합금에 순은도금을 한 것으로, 값비싼 은을 대체하는 소재로 개발되었다. 순은도금이 된 것에는 E.P.N.S(Electric Plated Stainless Steel)가 새겨져 있다. 특징과 성질은 순은과 비슷하며, 일반적으로 실버웨어라고 하면 이 실버 플레

POINT 대표적인 소재는 순은, 양은도금, 스테인리스. 플레이트의 질감에 맞게 선택한다.

A 양은도금
표면의 은이 지닌 질감과 빼어난 광택이 테이블에 고급스러움을 선사한다. 공기에 오래 노출하면 변색되지만, 실버웨어용 천이나 클리너로 닦으면 광택이 살아난다.

B 스테인리스
다루기 편하고 범용성이 높다는 점에서 가장 일반적인 소재. 광택이 나는 것 외에 매트한 질감도 있다.

이트를 말한다.

스테인리스는 철을 베이스로 크롬 또는 크롬과 니켈을 첨가한 합금강이다. 범용성이 우수하여 일상에서 사용하거나 업장용으로도 적합하다. 18-8(철+크롬 18%+니켈 8%), 18-12(철+크롬 18%+니켈 12%)가 일반적이며, 니켈과 크롬 함유량이 많을수록 내구성이 높고 녹이 잘 슬지 않는다.

이 밖에도 플라스틱이나 수지 소재, 칠기도 있다. 형태나 디자인뿐만 아니라 소재도 생각하여 코디네이트에 맞는 커틀러리를 선택한다.

C 플라스틱
손잡이가 플라스틱인 프랑스 제품. 컬러풀한 색상을 악센트로써 효과적으로 활용하면 캐주얼한 상황에 사용할 수 있다.

D 스테인리스
스테인리스에 에폭시 수지 열융착 도장을 한 니가타현 쓰바메시 「아이자와 공방」의 「모노프로+복서(Monopro+Boxer)」 시리즈. 매트한 질감으로 심플&모던한 디자인이다.

E 수지
이시카와현 카가시 이시카와 수지공업의 식기 브랜드 「ARAS(에이라스)」의 커틀러리. 수지를 특수기술로 가공해 내구성이 뛰어나며, 동양식과 서양식 모두에 사용하기 쉬운 질감과 디자인이다.

F 칠기
옻칠이 갖고 있는 따뜻한 질감과 촉감. 이시카와현 와지마시 「전통공예 와지마 칠기점」의 와지마 칠기 커틀러리이다. 섬세한 디저트에 적합하다.

글라스의 소재

플레이트나 커틀러리처럼 글라스에도 소재와 장소에 맞는 격식이 있다.

격식 있는 자리에서는 고품격 크리스털 글라스가 잘 어울린다. 빛의 굴절률이 크고, 투명함과 반짝임이 있다. 호텔 레스토랑이나 비행기의 퍼스트클래스 등 내구성이 요구되는 장소에서는, 잘 깨지지 않는다는 장점 때문에 납이 들어 있지 않은 크리스털 트리탄 가공 글라스

A 크리스털
수정의 빛을 의미하는 크리스털. 광채를 더하기 위해 납 성분을 첨가한다.

B 크리스털 트리탄 가공
내구성이 뛰어나며 환경친화적이다.

C 편백나무＋도색
일본식 모던한 테이블 코디네이트에 어울린다.
협찬 / 유한회사 아사다 칠기공예

도 사용한다.

샴페인의 기포나 와인의 컬러가 아름답게 보이는 것은 투명한 글라스이지만, 디자인적으로 골드, 실버, 블랙 등 색이 있는 글라스나 도색 등의 소재를 선택할 수도 있다.

> **POINT**
>
> 크리스털부터 도색 글라스까지 특징을 살려 활용한다.

D 플라스틱
피크닉이나 바비큐 등 야외장소, 키즈파티 등에 잘 어울린다.

E 소다석회유리＋주물
소다석회유리(소다유리)는 가장 널리 쓰이는 유리. 투명도가 높으며 가볍고 단단한 점이 특징이다.
협찬 / KISEN(유한회사 요츠가와 제작소)

F 골드를 소다석회유리 표면에 입힌 글라스. 작은 글라스는 식전주나 사케를 마시거나, 디자인에 악센트를 줄 때 사용하면 좋다.

소재감을 보여주는 코디네이트 샘플

우드, 유리, 수지, 도색 식기, 자기, 철, 스테인리스와 다른 소재의 식기를 조합하여 테이블을 코디네이트한다. 목제 테이블의 나뭇결이 잘 보이도록 리넨 소재의 무늬 있는 테이블러너를 사용하였다. 유리 플레이스 플레이트와 이시카와현 야마나카 칠기의 예쁜 플레이트를 2장씩 다른 색으로 세팅하고, 거기에 맞춰 같은 브랜드 야마나카의 도색 샴페인 글라스도 서로 다른 색으로 조합하였다. 다른 소재에 컬러, 무늬가 더해져도 어수선한 느낌이 들지 않는 이유는 전체를 그레이시한 색감으로 통일했기 때문이다.

POINT

다른 소재의 개성을 살리기 위해 회색 톤으로 통일감을 준다.

식기 협찬 / 유한회사 아사다 칠기공예
• 우츠로이 프레이그런스 글라스(실키핑크 / 그린펄 / 쿨블랙)
• 우츠로이 우드 플레이트(싱키핑크 / 그린펄)
러너 협찬 / jokipiin pellava(요키핀 펠라바) · aulii(주식회사 웨스트코스트)

1인 세팅. 라임색 유리 플레이스 플레이트에 「ARAS(에이라스)」의 회색 수지 플레이트를 올리고, 아사다 칠기공예의 식기 「우츠로이 우드 플레이트」의 그린펄을 조합하였다. 냅킨의 컬러는 다른 1쌍의 세트에서 플레이트에 사용한 실키핑크. 샴페인 글라스는 플레이트와 같은 색상인 그린펄이다. 서양식 세팅이면서 도색 식기와 조합함으로써 요리의 폭도 넓어진다.

다른 1쌍의 세트는 진분홍색 유리 플레이스 플레이트에 회색 수지 플레이트를 올리고, 위의 색과는 다른 실키핑크 플레이트를 조합하였다. 냅킨은 그레이시한 푸른색을 선택했다. 서양식 테이블 세팅에서 플레이트의 색을 변화시키는 경우에는 2장씩 짝수로 바꾼다.

마주보는 자리의 중앙에 와신(Washin)
의 브리지 플레이트를 세팅하고, 뚜껑
있는 자기와 스테인리스 소재의 아뮈즈
부슈 스푼을 놓았다.

테이블플라워는 그레이시한 화기에 칼
라와 줄기 스위트피를 꽂았다. 서로 다
른 소재를 세팅한 테이블이 돋보이도록
심플하게 완성한다. 라인이 있는 꽃 재
료로 소재뿐만 아니라 모양도 즐긴다.

6인 테이블 코디네이트 샘플

- 6인 테이블의 기본 세팅을 이해한다.
- 식기는 시리즈로 사용하고, 냅킨이나 꽃으로 변화를 주는 응용 기술을 배운다.

6인 기본 테이블 세팅

6인이 앉는 정통적인 테이블 코디네이트의 샘플이다. 3코스 세팅으로, 같은 시리즈의 식기를 사용해 격식을 차린 이미지로 완성하였다.

화이트 리넨 테이블클로스에 디너 플레이트와 디저트 플레이트를 더블 플레이트로 세팅하고, 왼쪽에 빵 플레이트를 놓는다.

커틀러리는 전채, 메인요리에 맞추어 전채용 디저트 나이프와

포크, 메인용 테이블 나이프와 포크, 버터 스프레더를 준비한다. 글라스도 샴페인 글라스와 와인 글라스를 더블 세팅한다.

테이블플라워는 어느 자리에서나 꽃을 즐길 수 있도록, 두 곳에 유리 베이스를 사용한 어레인지먼트를 놓았다.

냅킨은 테이블플라워에서 사용한 컬러 중 하나인 라일락 색상을 선택하여 심플하게 접었다.

POINT 같은 시리즈의 식기를 사용하면 격식을 차린 이미지가 된다.

사용한 식기. 디너 플레이트, 디저트 플레이트, 빵 플레이트, 콘소메 컵&소서, 티컵&소서, 에스프레소컵&소서.

테이블플라워는 시선을 가리지 않도록 높이가 낮은 가로로 긴 화기를 사용해 사방에서 볼 수 있게 어레인지한다.

Flower & Green

장미, 리시안셔스, 안스리움, 블루스타, 하이베리쿰, 화이트스타, 폴리샤스

같은 색 냅킨을 「델타」라는 방식으로 바꾸어 접은 샘플. 높이감이 생겨 P.134보다 더 재미있고 즐겁게 느껴진다. 앞에 네임카드나 메시지카드, 테마에 맞춰 꽃을 한 송이 두거나 선물 등을 곁들이면 더욱 화려해진다.

1인 테이블 세팅. 델타는 웨딩 테이블에서도 자주 사용되며, 동양식과 서양식에 모두 사용하는 범용성 높은 접기 방법이다.

테이블플라워를 변화시킨 경우

반복규칙을 사용하여, 연한 보라색 샴페인 글라스를 같은 간격으로 5개 늘어놓고 꽃을 어레인지한 샘플. 왼쪽페이지보다 모던한 이미지를 주는 동시에 움직임이 느껴지고, 시선이 위로 올라가기 때문에 꽃을 많이 사용하지 않았는데도 매우 화려해 보인다.

사용하는 꽃은 다이아몬드 릴리와 리시안셔스뿐이다. 냅킨의 색과 연결되도록 모양이 다른 핑크색 농담이 있는 꽃을 어레인지.

요리에 수프가 있는 경우

1인 세팅. 디너 플레이트 위에 콘
소메컵 & 소서를 올리고, 수프 스
푼을 추가한다.

요리에 수프가 있는 경우에는 수프볼＆소서, 또는 콘소메컵＆소서
를 사용한다. 여기서는 양쪽에 손잡이가 있는 콘소메컵＆소서를 겹
쳐 놓은 세팅이다. 커틀러리는 수프 스푼을 사용한다. 식기에 의해
높이감이 생기므로 테이블 전체에 움직임이 만들어진다. 냅킨 폴딩
은 높이감 없이 돌돌 말아 「크루아상」으로 만든다. 가로로 직선 라
인을 더하면 스타일리시한 느낌을 줄 수 있다.

Variation!
식기의 변화로 캐주얼 & 즐거움을 플러스

요리에 수프가 있는 경우의 응용 기술. P.138보다 좀 더 캐주얼하게 연출하고 싶을 때는 콘소메컵 & 소서가 아니라, 오른쪽 사진처럼 다른 시리즈의 쿠프 플레이트를 조합해도 좋다. 경직되지 않은 부담없는 코디네이트가 된다. 아래는 에스프레소컵 & 소서를 조합한 샘플. 한 모금에 마시는 수프 외에 아뮤즈부슈를 담아도 흥미로운 연출이 된다.

Tips!

너무 많이 겹치면 NG!

식기를 겹쳐 높이감이나 움직임을 만드는 것은 테이블 코디네이트 기법 중 하나이지만, 사진에서처럼 디너 플레이트, 디저트 플레이트, 콘소메컵의 소서 등 편평한 접시가 3장 이상 겹치면 너무 많으므로 주의한다.

세팅 배치를 변화시킨 경우

6인 테이블 세팅의 배치를 바꾸었다. 3명씩 일렬로 마주보는 것이 아니라 테이블에 둘러앉는다. 옆사람과의 간격이 유지되므로 여유롭게 느껴진다. 대화를 즐기면서 느긋하게 식사하는 상황에 잘 어울린다. 가로 일렬 배치는 스타일리시한 느낌이다. TPO(Time, Place, Occasion)에 따라 배치한다.

식후 디저트는 디저트 플레이트와 티컵＆소서에 냅킨을 바꾸어 완성하였다. 여기서는 장소 설정을 달리하여 4인 티 세팅의 샘플을 설명한다.

중앙에 플레이트 스탠드를 놓으면 애프터눈 티의 분위기를 즐길 수 있다. 티 타임에는 티포트와 슈거포트, 크리머의 티세트도 준비하면 더욱 격식을 갖춘 것처럼 보인다. 냅킨은 식사용 45~50cm 사각형이 아니라 한 사이즈 작은 30~35cm 사각형을 선택하는 것이 좋으며, 레이스나 자수가 들어간 우아한 것을 선택한다.

테이블플라워도 볼륨을 줄여 작은 크기로 하고, 향기 없는 꽃을 선택한다. 여기서는 유리 슈거포트에 장미, 리시안셔스, 불두화, 화이트스타를 꽂았다.

낮이기 때문에 캔들은 놓지 않는다.

티 세트에는 티 트레이가 필요하지만, 꼭 실버 트레이가 아니어도 된다. 여기에서는 모던한 식기에 맞추어 화이트 접시에 아크릴 트레이를 겹쳐 놓는다.

Chapter
4

디자인을 고려한 테이블 코디네이트의 10가지 규칙

Table
Coordination

Chapter4에서는 보기 좋은 테이블 코디네이트를 구성하는 데 도움이 되는 「10가지 규칙」과, 이를 바탕으로 한 테이블 코디네이트의 실제 샘플 7가지를 소개한다.

각 코디네이트를 소개하는 페이지에서는 아이템 사용의 포인트 외에, 어떤 아이디어에서 출발하여 확장해 나갈지에 대해 「아이디어와 세팅방법」의 흐름을 설명하였다. 또한 플래닝에 맞춰 일관된 콘셉트를 내세우기 위한 「기본 6W1H」에 대해서도 소개한다. 아름다운 비주얼과 함께 각각의 코디네이트 구성을 실제 샘플로 이해해본다.

아름다운 테이블 코디네이트를 위한

10가지 규칙

아름다운 테이블 코디네이트를 구성하기 위한 이론이다.
감각이나 감성에만 의존하지 말고 여기서 소개하는 10가지 규칙을 지키면,
웬만한 코디네이트의 80%는 완성된다.

RULE 1 테마·콘셉트를 명확하게 한다

테이블에 둘러앉은 사람과의 공통 테마나 공유할 수 있는 관심사를 포함시키는 것
은 필수다. 그래서 테마를 상징할 수 있는 알기 쉬운 아이템이나 피규어를 놓는다.
테마의 범위를 좁히고, 이것저것 함께 놓지 않는 것도 중요하다.

RULE 2 비주얼 악센트를 높이감과 색으로 표현한다

첫눈에 들어오는 비주얼 악센트는 시각효과를 만들어낸다. 센터피스의 꽃이나 캔
들로 테이블에서 시선을 끄는데, 어느 정도 높이감과 진한 색을 사용해야 시선을
모을 수 있다.

RULE 3 개인공간과 공유공간을 명확하게 나눈다

개인공간(P.64 참조)을 잘 지키면 기능적이고 아름다운 균형을 유지할 수 있다. 거
기에 플레이스 플레이트와 테이블매트가 있으면 공간이 명확해지고, 큰 접시와 센
터피스를 두는 공유공간과 조화를 이룬다.

RULE 4 테이블에 높낮이 차이를 만든다

양식기의 경우에는 평평한 접시가 많기 때문에 글라스나 캔들로 높이감을 표현한
다. 더불어 공유공간에 받침대 등을 이용해 장식적으로 높낮이를 다르게 만들면,
역동성이 더해져 테이블의 디자인이 강해진다.

RULE 5 겹쳐 놓기를 즐긴다

디너 플레이트 위에 디저트 플레이트를 겹쳐 놓는 더블 플레이트 외에, 아뮈즈부
슈 스푼이나 작은 글라스, 뚜껑 있는 식기 등을 겹쳐 놓으면 「**RULE** 4」에서 설명한
높이감을 낼 수 있는 동시에, 재미와 뜻밖의 즐거움이 더해진다.

RULE 6 다른 소재를 조합하여 변화를 즐긴다

예전 양식기의 포멀한 테이블 세팅에서는 같은 브랜드의 같은 시리즈로 차리는 것이 기본이었다. 최근에는 일부러 시리즈를 바꾸거나 다른 소재를 조합하여 식기가 지닌 즐거움을 표현하거나, 요리에 맞춰 소재를 선택해 코디네이트하는 것이 트렌드이다.

RULE 7 컬러 배색으로 연결고리를 만든다

테이블웨어에 사용하는 컬러 중에서 꽃이나 캔들 색상을 선택하거나 테이블클로스의 색상과 연결시키는 등, 컬러가 어딘가와 연결되면 전체적으로 조화를 이룬다.

RULE 8 무늬를 악센트로 사용한다

무지 식기와 테이블클로스는 실패가 적고 무난하지만, 러너나 식기 등에 무늬가 조금만 있어도 테이블의 즐거움이 커진다. 단, 무늬 있는 테이블클로스를 선택하는 경우에 식기는 무지를 선택하는 등, 무늬의 양은 되도록 줄인다.

RULE 9 반복하여 모던한 이미지를 준다

모던한 이미지의 코디네이트를 위해서는 반복규칙을 활용한다. 쉽고도 간단한 적용은 화기를 반복해 놓는 것이다. 같은 색상이나 모양의 심플한 화기가 3개 이상 있으면 OK. 직선으로 나란히 놓으면 자연스럽게 시선이 모아진다.

RULE 10 격식과 양식(스타일)에 맞춰 믹스 & 매치한다

테이블 코디네이트에서 중요한 것은 격식과 양식(스타일)을 맞추는 것이다. 예를 들어, 고급 자기와 값싼 생활 식기를 조합하거나, 금장식이 있는 고급스럽고 클래식한 식기에 스톤과 스테인리스 소재의 커틀러리를 함께 놓으면 조화롭지 않고 어설프게 보인다. 격식을 맞추고 양식을 이해한 다음, 일부러 클래식과 모던 등 다른 스타일을 조합해 새로운 가능성을 추구하는 것이 코디네이터의 기량이다.

테이블 코디네이트의 아이디어와 세팅방법

테이블을 코디네이트할 때 아이디어의 출발점은 다양하다.
테마나 콘셉트에서 시작되기도 하고, 「이 식기를 사용하고 싶다」 등
아이템에서도 시작된다. 여기에서는 아이디어를 확장하기 위한 방법을 설명한다.

테마

어떤 테이블 코디네이트에서나 일단 테마가 필요하다. 이것저것 담으려 하지 말고 전하고 싶은 것을 알기 쉽게 구현한다.

콘셉트

테마가 정해지면 어떻게, 누구를 대상으로, 어떤 이미지로 만들지 콘셉트를 세운다. 명확한 콘셉트가 있어야 아름다운 코디네이트가 이루어진다.

테마 컬러

콘셉트가 결정되면 메인이 되는 컬러를 정한다. 테마 컬러는 1가지 또는 2가지 색으로 하고, 그 다음에 서브 컬러나 악센트 컬러를 선택한다.

테이블웨어

구체적으로 식기, 글라스, 커틀러리, 리넨, 식탁장식품 등을 고른다. 여기서 격식과 양식(스타일)에 맞출 필요가 있다.

코디네이트

선택한 식기를 어떻게 코디네이트해야 아름답고 보기 좋은 테이블이 될지를 계획한다. 어디에서 높낮이 차이를 만들면 효과적인지 등, 건축에서 말하는 설계 부분에 해당한다.

세팅

먹기 편하고 기능적이며 아름다운 배치에도 인체공학에 기반한 배치 규칙이 있다. 세팅은 최종 형태의 마무리, 시행 부분에 해당한다.

기본 6W1H

테이블 코디네이트를 계획할 때 6W1H로 구성하면
보다 구체적이고 일관된 콘셉트를 내세울 수 있다.

Who (누가)

주최자. 테이블을 둘러싼 사람들의 성별, 나이에 따라서도 식사의 기호나 공간 취향, 편안함의 정도가 달라진다.

With whom (누구와)

누구와의 식사인가. 친구인지, 상사인지, 인간관계에 따라서 위아래 자리의 위치관계도 결정된다.

Why (무엇을 위해)

식사 목적. 축하자리인지 친목을 위한 자리인지, 목적에 따라 코디네이트 스타일도 달라진다.

When (언제)

식사 시간. 런치, 디너 또는 그 외의 시간대? 식사 시간대에 따라 음식 메뉴가 달라지고 코디네이트 스타일도 달라진다.

Where (어디서)

식사 장소. 야외 또는 실내인지, 자신의 집인지 친구 집인지, 또는 레스토랑 등의 모임장소인지에 따라 테이블의 모양과 크기가 달라지고 설치 또한 달라진다.

What (무엇을)

요리 메뉴. 양식인지, 한식인지, 일식인지, 중식인지, 요리 종류에 따라 식기도 달라지고 서비스나 코디네이트도 달라진다.

How (어떻게)

스타일. 착석인지 입식인지 스타일에 따라서도 서비스 방법이나 식기가 달라진다.

Chapter 4에서 소개하는 테이블 코디네이트 보는 방법

여기서는 7가지 테이블 코디네이트의 샘플을 소개한다.
P.146~148의 「10가지 규칙」, 「아이디어와 세팅방법」, 「6W1H」로 구성되어 있으므로,
실제로 테이블을 세팅할 때 참고한다.

테이블 코디네이트의 내용에
대해 설명한다.

10가지 규칙
아름다운 테이블을 코디네이트하기 위한
10개의 규칙 중에서, 어떤 규칙을 주요 포
인트로 삼았는지를 설명한다.

테이블 코디네이트의 아이디어와 세팅방법
「테마」「콘셉트」「테이블웨어」와 같은 키워드
를 출발점으로 어떻게 발상을 확장해서 세팅
해 나갈지, 그 과정을 설명한다.

기본 6W1H
테이블 코디네이트를 플래닝하기 위한
6W1H에 대한 세부사항이다.

테이블 코디네이트의 1인
세팅이나 포인트가 되는 아
이템, 조합하는 요령에 대해
설명한다.

Variation!
식기 종류 등 코디네이트의
일부분을 변화시키는 패턴
인 경우에는, 그 차이에 대
해 설명한다.

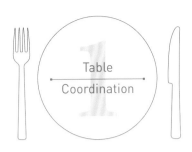

프랑스 리모주의 명품 자기 중 하나인 「레이
노」의 「장 콕토(Jean Cocteau)」시리즈를 사
용한 테이블 코디네이트. 20세기 위대한 예
술가 중 한 사람인 장 콕토의 1950년대 작
품이 바탕이 된 시리즈이다. 모노톤 공간에
아티스틱＆드라마틱한 색채와, 비일상적이
고 생활 속에서 볼 수 없는 코디네이트를 목
표로 하였다.
장 콕토가 사랑했던 절묘한 파스텔 색상과
매트한 질감이 특징인 식기가 돋보이도록,
테이블클로스는 검은색을 선택하였다. 센터

예술과
드라마를 느끼는
비일상으로의
초대

피스로는 회색 유리로 된 크고 작은 화기에
빨간색과 보라색의 선명한 꽃으로 각각 어레
인지하였다. 시선을 중앙으로 모으는 임팩트
가 생긴다.
검은색 유리 캔들홀더에는 테이블플라워와
같은 글로리오사를 곁들여 불꽃처럼 보이는
꽃잎의 특징을 살리고, 시선이 중앙에만 머물
지 않고 가로세로로 옮겨가도록 계산하였다.
센터피스나 캔들 외에, 디너 플레이트와 같은
파스텔로즈 냅킨을 입체적으로 접는 등 높이
감을 연출하는 것이 포인트. 평평한 플레이트
와의 대비로 드라마틱한 효과가 생긴다.

식기 협찬 / 에르퀴 레이노 아오야마점
• 레이노 「장 콕토」 플레이트 27㎝(로즈), 21㎝(누아르/블루 P.155), 16㎝(누아르)
• 레이노 「장 콕토」 커피컵 & 소서(누아르)

Table Coordination

예술과 드라마를 느끼는 비일상으로의 초대

테이블에 높낮이 차이를 만든다
높이감 있는 센터피스나 캔들스탠드로 드라마틱하게.

테이블 코디네이트의 아이디어와 세팅방법

테이블웨어 — 레이노의 장 콕토 시리즈를 사용

테마 — 예술가 장 콕토의 오마주

콘셉트 — 아티스틱 & 드라마틱한 비일상적인 느낌

테마 컬러 — 검은색 & 파스텔 컬러,
빨간색을 악센트 컬러로

코디네이트 — 컬러풀한 테이블플라워로 임팩트를 주어
예술성이 높은 플레이트를 돋보이게 한다

세팅 — 검은색 캔들스탠드, 입체적인 냅킨 폴딩,
높낮이가 다른 커피잔으로 움직임을 표현한다

기본 6W1H

Who	크리에이터
With whom	장 콕토
Why	엄선한 식기로 특별한 시간을 즐긴다

RULE 2

비주얼 악센트를 높이감과 색으로 표현한다
임팩트 있는 색채의 테이블플라워를 가운데에 놓아
시선을 끈다.

RULE 7

컬러 배색으로 연결고리를 만든다
플레이트, 냅킨, 꽃으로 색을 연결한다.

When	디너
Where	생활감 없는 모노톤 공간
What	아뮈즈부슈, 전채, 메인, 디저트 등 3코스 프렌치 요리

How	착석

1인 세팅

검은색 테이블클로스에 파스텔 컬러 디너 플레이트와 검은색 디저트 플레이트는 세퍼레이션 효과를 위한 것이다. 냅킨은 디너 플레이트와 같은 색을 선택한다. 커틀러리는 장식이 없는 심플하고 부드러운 곡선 형태를 선택해 더블 커틀러리로 세팅하였다.

디너 플레이트는 파스텔로즈색. 플레이트마다 무늬가 달라 화제가 되고, 장 콕토를 주제로 한 이야기를 즐길 수 있다.

Table
Coordination

예술과 드라마를 느끼는
비일상으로의 초대

테이블플라워

회색 유리 소재의 크고 작은 화기에 색채가 풍부한 꽃을 꽂아서 어레인지. 억새잎이 크고 작은 어레인지를 연결하고 있다.

Flower & Green
글로리오사, 반다, 모카라, 억새

커피컵 & 소서

식후에 사용하는 커피컵 & 소서는 사이드에 세팅. 높낮이 차이를 만들면 리듬감이 생기고, 식기의 테마성과 연동된다.

Variation!
디저트 플레이트를 바꿔 이미지를 변화시킨다

디너 플레이트 위에 겹쳐 놓는 디저트 플레이트를 검은색에서 파스텔 블루로 바꾼 예. 우아하고 부드러운 이미지로 바뀌었다.

식기 협찬/secca inc.(주식회사 유키하나)
Shadow #010
Shadow #014 미니
Shadow #017(P.161)

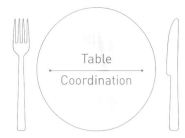
중요한 기념일을 집에서 보낼 때는 평소와는 다른 비일상적인 공간을 연출하고 싶어진다. 여기서는 호텔 같은 분위기를 만들 수 있는 몇 가지 팁을 소개한다.

호텔의 테이블웨어 하면 흰색. 흰색은 청결함과 동시에 약간의 긴장감도 있으며, 축하가 필요한 특별한 날에 어울리는 색이다. 테이블클로스, 냅킨, 플레이트, 캔들도 흰색으로 통일하면 특별함이 더해진다. 단, 흰색 코디네이트는 밋밋해지기 쉬운 단점도 있다.

따라서 무언가 새로운 「Something New」

호텔 스타일 테이블로 연출하는 기념일

같은 아이템이나 연출을 더하는 것을 추천한다.

여기서 사용한 플레이트는, 이시카와현 카나자와를 거점으로 새롭게 생긴 크리에이터 집단 「secca(세카)」가 만든 「Shadow」라는 독특한 형태의 자기. 깜짝 놀랄만한 디자인의 플레이트가 서프라이즈를 선사한다.

꽃은 연한 핑크색을 선택하였다. 전체적으로 색이 없는 세계에서 로제 샴페인이 채워지고 음식이 담기면서 색이 더해져, 눈앞에서 컬러세계가 변해가는 것도 테이블이 보여주는 마술이다.

호텔 스타일 테이블로 연출하는 기념일

테이블 코디네이트의 아이디어와 세팅방법

테마	두 사람의 기념일을 축하한다
콘셉트	호텔 스타일 테이블을 연출한다
테마 컬러	흰색
테이블웨어	고급 호텔에서 볼 수 있는 플레이트, secca의 Shadow 시리즈를 사용
코디네이트	플레이트를 중심으로 아이템의 매칭과 요리를 생각한다
세팅	캔들이나 화기, 와인쿨러 등 식탁장식품으로 높낮이 차이를 만들고 전체적인 균형을 잡는다

기본 6W1H

Who	나	What	아뮈즈부슈, 전채, 수프, 메인, 디저트 등 4코스 프렌치 요리
With whom	파트너	How	착석
Why	결혼기념일 축하		
When	디너		
Where	집의 다이닝룸		

RULE 4

테이블에 높낮이 차이를 만든다
캔들 등 피규어로 높낮이를 다르게 만들어 균형을 잡는다.

RULE 1

테마·콘셉트를 명확하게 한다
고급스러움과 특별함이 있는 플레이트를 중심으로 호텔처럼 연출한다.

호텔 스타일 테이블로
연출하는 기념일

1인 세팅

자기 소재 디너 플레이트와 secca
의 Shadow 플레이트를 겹쳐 더
블 플레이트로 세팅. 빵 플레이트
는 높이감이 있는 식기를 선택하
였다. 3개의 플레이트 모두 브랜
드와 시리즈가 다르지만, 흰색 자
기 식기라는 점은 같다. 심플한 세
팅이기 때문에 냅킨은 심플하게
접어 높이감을 조금 준다.

중앙의 큰 접시

중앙의 큰 접시 역시 secca의 플레이트.
특징적인 미묘한 곡선이 잘 보이도록 아
래에 받침대를 두어 높이감을 만들어냈
다. 받침대와 플레이트 사이에도 검은색
플레이트를 1장 끼우면 곡선 라인이 잘
드러난다. 비주얼 악센트가 되는 중앙의
큰 접시는 높이감을 조금 주면 효과적이
다. 손으로 집어 먹는 아뮈즈부슈를 올려
첫인상을 표현하는 접시로 사용한다.

화기

모던한 테이블 코디네이트에는 화기도 디자인이 독특하고 모던한 것을 조합한다. 여기서는 알루미늄 소재의 인테리어 잡화 브랜드 「ALART(알아트)」에서 만든 알루미늄 프레임의 화기를 사용. 라인이 돋보이도록 꽃은 칼라를 선택하였다. 디자인 요소가 있는 화기를 선택하면 소량의 꽃으로도 OK.

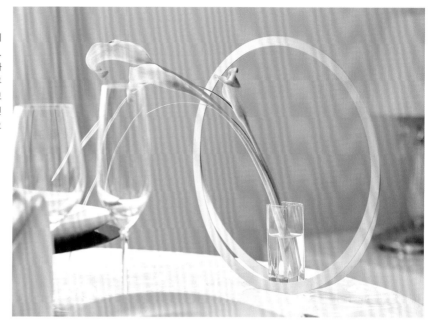

Variation!

검은색과 회색이 더해져 좀 더 어른스럽고 도시적인 코디네이트로

플레이트를 바꾸어 분위기를 바꾼 샘플. 검은색 플레이스 플레이트 위에, 표면의 요철무늬가 재미있는 secca의 회색 플레이트를 세팅. 어떤 플레이팅을 할지 아이디어가 솟아나는 호텔 스타일 플레이트이다.

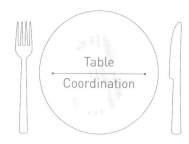

Table
Coordination

행복한 추억이 깃든 시간을 떠올리며 소중한 와인을 주인공으로, 와인에 어울리는 가벼운 요리와 함께 가족끼리 모이는 날. 그런 상황을 연출한 테이블 코디네이트이다. 딸이 태어난 해, 딸이 결혼하는 날 등 추억으로 기억될 특별한 기념일에 마시려고 와인셀러에 소중히 보관해둔 한 병이다.

초가을 저녁 아직 저물지 않은 시간에 딸과 사위, 남편과 함께 테이블에 둘러앉아 스템이 긴 우아한 와인 글라스에 와인을 따른다. 치즈와 제철과일을 함께 먹으면서, 와인이

추억이 깃든 시간, 와인과 함께 가족끼리 축하하는 날

숙성된 시간만큼 가족이 함께한 시간을 생각하며 새로운 출발에 희망을 걸어본다. 이처럼 캐주얼한 와인 모임에 어울리는 테이블 코디네이트이다.

갈색 테이블클로스에 같은 색 냅킨을 조합하고, 테이블플라워도 갈색 계열의 어른스러운 리시안셔스를 어레인지했다. 실버 림의 플레이트와 골드 커틀러리가 악센트이지만, 전체를 차분한 갈색으로 정돈하여 엘리건트, 시크, 내추럴한 이미지를 믹스하였다.

163

Table
Coordination

추억이 깃든 시간, 와인과 함께
가족끼리 축하하는 날

RULE 1 테마·콘셉트를 명확하게 한다
눈길을 모으는 디자인의 디캔터로
주인공인 와인을 돋보이게 한다.

RULE 5 겹쳐 놓기를 즐긴다
디너 플레이트에 요리용 글라스를
겹쳐 놓아 재미를 더한다.

테이블 코디네이트의 아이디어와 세팅방법

 테마　추억이 깃든 해의 와인을 즐긴다

 콘셉트　와인을 주인공으로, 가족과 함께한 시간과
새로운 출발을 축하한다

 테마 컬러　갈색 & 보르도 와인색

 테이블웨어　고급스러운 글라스웨어와 플레이트를
세팅하고, 오래 숙성된 와인은
디캔터를 사용한다

 코디네이트　플레이트와 글라스를 겹쳐 놓고, 중앙의
목재 플레이트는 높낮이를 다르게 배치한다.
식재료를 담아 입체감을 살린다

세팅　골드 커틀러리와 나이프 레스트,
냅킨링을 악센트로

기본 6W1H

Who	나
With whom	남편, 딸, 사위
Why	딸이 태어난 해의 와인을 즐긴다

RULE 4

테이블에 높낮이 차이를 만든다
중앙에 목재 플레이트를 높낮이가 다
르게 세팅해 입체감을 만든다.

디캔터 협찬 / 리델 재팬
디캔터 아마데오

When	디너
Where	집의 다이닝룸
What	오래 숙성된 와인과 와인에 어울리는 요리

How	착석

치즈와 과일은
큰 접시에 나누어 담는다

1인 세팅

플래티넘 림의 디너 플레이트에, 와
인에 어울리는 음식을 담는 글라스
를 겹쳐 놓는다. 샤프하고 모던한 세
팅이지만, 와인 글라스와 냅킨링으로
약간의 우아한 곡선을 더하면 긴장감
이 풀린다.

테이블 플라워

유리 베이스 안쪽에 안스리움 잎을 감은 플
로랄폼을 세팅한다. 유칼립투스나 칼라로
곡선 라인을 살려 어레인지한다. 보르도 와
인색과 갈색 계열 리시안셔스로 자연스럽
게 완성한다.

Flower & Green
장미, 리시안셔스, 칼라, 유칼립투스,
안스리움 잎

Table
Coordination

추억이 깃든 시간, 와인과 함께
가족끼리 축하하는 날

디캔터

오래 숙성된 와인에 꼭 필요한 아이템으로 고른 것이 디캔터. 상징적
으로 놓으면 와인 모임이라는 것이 분명해진다. 테마에 어울리는 테이
블웨어 선택으로 스토리를 만든 좋은 예이다.

목재 플레이트

중앙에는 목재 플레이트를 높낮이가 다르게 세팅해 센터피스로 사용
한다. 플레이트는 아래쪽에 받침대를 놓아 높이를 조정한다. 위에 치
즈나 포도 등의 제철과일을 담아 입체감을 만들어낸다.

Variation!

부담없는 와인을 즐기는 경우에는 캐주얼한 스타일로

부담없는 등급의 와인이라면, 디캔터는 빼고 와인 글라스도 캐주얼하게 싱글로 세팅한다.
플레이트의 격식도 캐주얼하게 도기로 된 직사각형 플레이트를 조합하였다.
커틀러리도 재미를 더하기 위해 플레이트 위에 놓아 움직임을 만들어냈다.
화기도 직사각형의 크고 작은 것으로 바꾸었다.
유칼립투스와 칼라는 그대로 사용하지만, 패랭이꽃 '그린트릭'을 꽂아 따뜻함을 더한다.

플레이트는 실버 림의 원형 자기 접시를 도기로 된 직사각형으로 교체. 소재와 형태를 다르게 하면 훨씬 캐주얼한 느낌을 줄 수 있다.

직사각형 플레이트와 연동되도록 책 형태의 화기를 선택. 화기는 단독으로 사용해도, 크고 작은 것들을 조합해도 좋다.

Flower & Green
칼라, 유칼립투스, 패랭이꽃 '그린트릭'

플래닝시트

P.148에서 설명한 「테이블 코디네이트의 아이디어와 세팅방법」과 「기본 6W1H」를 반영한 것이 플래닝시트이다. 테마와 콘셉트에 따라 테마 컬러, 테이블웨어, 요리를 결정하고, 「누가」「누구와」「무엇을 위해」「언제」「어떻게」를 구체적으로 계획하여 적음으로써 이미지를 명확하게 정리하여 테이블 코디네이트를 구성할 수 있다.

가정에서 손님을 초대할 때는 이 플래닝시트를 기록한다. 「언제, 누구를 불렀을 때 이런 요리를 내놓았으며, 이런 테마였다」라고 플래닝시트에 적어 두면 다음에 초대할 때 요리가 중복되는 것을 피할 수 있고, 손님 접대를 위한 스타일북으로서 자신의 이력이 된다.

업무에서는 이 플래닝시트가 중요하다. 플래닝 제안이 좋은가 나쁜가는 테이블 코디네이트 기획안의 채택 여부에 영향을 미친다.

여기서 소개하는 플래닝시트는 내가 운영하는 〈꽃생활공간〉의 테이블 코디네이트 강좌에서 수강생들과 수업하는 것이다. 레슨 1주일 전까지 기입한 플래닝시트를 제출하고, 실현 가능한 테이블 코디네이트인지, 콘셉트와 이미지가 맞는지 등을 확인한다. 또한 테이블웨어의 격식이나 요리와 식기가 어울리지 않고, 꽃의 양이나 스타일이 부자연스러울 때 등은 재검토해서 레슨 당일에는 최상의 상태에서 진행할 수 있게 한다.

또한 프로페셔널 양성강좌에서는 이 플래닝시트에 예산, 제작비, 타겟 등을 더해 업무에 직결된 테이블 코디네이트 방법과 기술을 익힐 수 있도록 지도한다.

업무용 플래닝시트를 작성할 때는 러프 스케치도 중요하다. 테마나 콘셉트에 맞춘 테이블 코디네이트의 이미지를, 클라이언트가 보았을 때 이해하기 쉽도록 구체화한다.

테이블 코디네이트 플래닝 시트 1

타이틀		
이름	연락처	tel email
테마	이미지	

콘셉트(200자 이내)

목적

일시	계절
장소	주최자와 게스트
테마 컬러	베이스컬러 서브컬러 악센트컬러
꽃	화기

요리

꽃생활공간

테이블 코디네이트 플래닝 시트 2

아이템	색, 형태, 특징	수량
리넨		
식기		
커틀러리		
글라스		
피규어		

러프 스케치

꽃생활공간

플래닝시트 샘플. 시트에 기록하면 테이블 코디네이트의 이미지가 명확해진다.

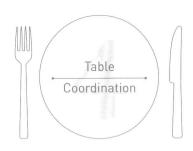

Table
Coordination

이노베이티브(Innovative)는 「혁신」이라는
의미다. 레스토랑에 등급을 매기는 「미슐랭
가이드」에서도 2013년부터 요리 분야에서
「이노베티브」라는 단어를 볼 수 있다. 틀에
박히지 않고, 셰프의 독창성을 살려 새로운
스타일로 제공하는 레스토랑이 이노베이티
브로 분류된다. 지금까지 본 적 없는 새로운
발견으로 가득 찬, 상상을 초월한 프리젠테
이션은 매우 자극적이다.
오른쪽의 테이블 코디네이트를 보면 구성 자
체는 매우 심플하다. 하지만 내추럴한 우드

자연과 모던을
융합시킨
이노베이티브

아이템과 「secca(세카)」의 모던한 도기의 조
합에서, 소재가 지닌 강력한 융합을 느낄 수
있다. 우드와 도기라는 소재의 온기에 담긴
모던한 요소들이 「이건 무엇에 사용하는 거
지?」 「무슨 요리가 나오는 거지?」라는 흥미
를 불러일으킨다. 예상할 수 없는 서프라이
즈도 이노베이티브라고 할 수 있지 않을까.

식기 협찬 / secca inc.(주식회사 유키바나)
• scoop M 그린
• scoop S 그린

Table Coordination 1

자연과 모던을 융합시킨 이노베이티브

테이블 코디네이트의 아이디어와 세팅방법

테마 이노베이티브

콘셉트 다른 소재를 조합한 쿨한 코디네이트

테마 컬러 검은색 & 초록색,
노란색을 악센트로 사용

테이블웨어 우드, 도기, 자기 외에
다른 소재를 믹스 & 매치

코디네이트 특히 보여주고 싶은 특징적인 secca의
도기 플레이트가 돋보이도록 구성

세팅 우드 프레임의 시험관에 수프를 담아
실험적인 요리도 즐길 수 있도록

RULE 4 테이블에 높낮이 차이를 만든다
중앙의 그루터기 아이템으로 높낮이
차이를 만들어 인상적인 느낌으로.

RULE 6 다른 소재를 조합하여 변화를 즐긴다
우드, 도기, 자기 외에 다양한 소재를 사용해
조화롭게 만든다.

기본 6W1H

Who	나
With whom	음식에 정통한 남자 손님
Why	「Something New」를 발견하는 식공간 연출

RULE 7

컬러 배색으로 연결고리를 만든다
플레이트의 색에서 수국의 초록색으로 연결
하는 등, 색의 농담으로 조화를 이룬다.

When	런치	How	착석
Where	집의 다이닝룸		
What	아뮈즈부슈, 시험관 수프, 파스타, 메인, 디저트 등 4코스 비건 요리		

1인 세팅

테이블에 움직임을 표현하기 위해 secca
의 플레이트 「scoop(스쿠프) M」은 중앙
에 놓지 않고 살짝 비켜서 세팅한다. 메
세지카드를 끼운 냅킨의 노란색은 검은
색&초록색 사이에서 눈에 확 띄는 악센트
가 된다.

Table
Coordination

자연과 모던을 융합시킨
이노베이티브

한 모금 수프 용기

수프용으로 준비한 시험관과 우드 프레임의 본래
용도는 꽃 한 송이를 꽂는 것이다. 「실험적이 요
리」라는 콘셉트에 어울리기 때문에 선택하였다.
한 모금 분량의 냉채소 수프를 담아 제공한다.

냅킨 폴딩

주머니모양으로 접은 냅킨에는 메세지카드를 곁들여 선물 느낌을 준다. 카드 색상은 검은색이 베이스인 것을 선택해 테마 컬러와 통일감을 준다.

테이블플라워

화기는 플레이트의 질감과 연결되도록, 동글동글한 돌처럼 생긴 검은색의 매트한 도기를 선택하였다. 여기에 컬러와 이어지는 검은색과 초록색의 모양이 다른 꽃을 어레인지하여 움직임을 표현했다. 선명한 초록색 수국은 생기 있고 깨끗한 이미지를 준다.

Flower & Green
수국 '에메랄드 그린', 칼라 '칸토르', 하이베리쿰, 파부초

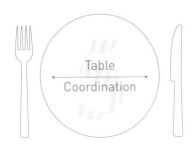

Table
Coordination

「스테이홈(집에서 지내기)」이 최근 트렌드
가 되면서 「집에서 시간 보내기」, 「집밥 즐기
기」라는 말도 자주 등장하였다. 테이블 코디
네이트는 특별한 날에만 하는 것이 아니다.
평소의 식탁에도 조금만 신경 쓰면 몇 배 멋
스러워지고 이미지가 바뀐다. 식기를 교체하
면 적은 아이템으로 간단하게 집밥의 품격을
높일 수 있다.

여기서는 무늬 없는 회색 테이블클로스
에 무늬가 들어간 검은색 리넨 테이블러너
를 깔고, 표면이 물결구조인 수지 소재의

집밥의 품격을
높여주는 식기로
스타일리시하게

「ARAS(에이라스)」 대접시, 중접시, 유리 식
기를 코디네이트하였다. 깔끔하게 세팅하면
잘 정돈된 이미지를 주기에 손님 접대에도
응용할 수 있다. 전체가 모노톤이어서 무채
색의 세계이지만, 냅킨으로 그레이시한 파란
색을 선택하고 꽃으로 색감을 더해 차가움을
줄였으며, 요리를 담았을 때 훨씬 색이 돋보
이도록 계산하였다.

중앙에 놓인 「나흐트만(Nachtmann)」의 유
리 소재 샐러드볼 아래에는 직사각형 슬레이
트 플레이트를 깔아 무게감을 주었고, 다른
소재의 식기를 조합하여 스타일리시한 집밥
테이블 코디네이트로 완성하였다.

식기 협찬 / ARAS(이시카와 수지공업 주식회사)
• 대접시 웨이브(그레이 / 화이트 P.183)
• 중접시 웨이브(그린그레이 / 핑크그레이 / 화이트 P.183)
• 커틀러리(그레이), 젓가락(그레이)
테이블러너 협찬 / jokipiin pellava(요키핀 펠라바) · aulii(주식회사 웨스트코스트)

집밥의 품격을 높여주는 식기로 스타일리시하게

테이블 코디네이트의 아이디어와 세팅방법

테마	집밥의 품격을 높인다

콘셉트	간단하고 스타일리시하게 코디네이트

테마 컬러	모노톤. 붉은색을 악센트로

테이블웨어	수지 소재 플레이트와 유리 소재 볼, 알루미늄 화기 등 소재가 다른 식기를 모노톤으로 통일

코디네이트	식기의 곡선과 리넨의 직선을 가지런히 정렬해 깔끔한 이미지를 만든다

세팅	화기에 높낮이 차이를 주고, 꽃송이가 큰 붉은색 달리아로 임팩트를 준다

기본 6W1H

Who	나
With whom	가족
Why	평소 식사를 스타일리시하게
When	런치
Where	집의 다이닝룸

What	나눠 먹는 스타일의 샐러드 모둠 전채 로스트포크와 밥으로 구성된 퓨전 요리
How	착석

RULE 4

테이블에 높낮이 차이를 만든다
높이감이 있는 화기를 사용하고, 큰 꽃
의 높낮이 차이로 변화를 준다.

RULE 5

겹쳐 놓기를 즐긴다
플레이트 위에 뚜껑 있는 글라스나
아뮈즈부슈 스푼을 겹쳐 놓는다.

RULE 8

무늬를 악센트로 사용한다
무늬가 들어간 테이블러너로 모노
톤 테이블에 재미를 더한다.

1인 세팅

ARAS의 대접시와 중접시는 컬러 베리에이션을 즐기기 위해 일부러 색을 바꾼다. 중접시에 올린 아뮈즈부슈 스푼은 국물이 있는 전채를 담는 이미지. 뚜껑 있는 글라스로 높이감을 만들고, 5가지 정도의 전채를 담아내면 화려한 접시가 된다. 커틀러리 레스트에 젓가락도 같이 올리면 부담없이 동양과 서양 스타일을 절충해 즐길 수 있다.

Table
Coordination

집밥의 품격을 높여주는 식기로
스타일리시하게

화기

콘셉트에 맞게 스타일리시한 알루미늄 화기를 선택한다. 스테인리스 받침대를 조합해 꽃에 높낮이 차이를 만들었다. 꽃송이가 큰 붉은색 달리아는 테이블의 악센트 역할을 한다.

Flower & Green
달리아, 억새

Variation!

케이크스탠드를 만들어 티타임용으로 응용

ARAS의 대접시와 중접시 사이에 캔들스탠드 등을 놓아 2단 케이크스탠드로 활용한 샘플.
시판 케이크스탠드는 우아한 디자인이 많기 때문에, 직장이나 가정에서 약간 모던한 취향의 티타임을 즐기고 싶을 때 사용하면 편리하다.

대접시에 커피컵을 올리고 잼이나 클로티드
크림을 담은 작은 접시를 조합하면, 즉석에
서 바로 원플레이트가 완성된다.

인스타그램 스타일링

인스타그램 등 소셜네트워크서비스(SNS)에 테이블 코디네이트 사진을 올렸을 때, 실제로 보는 것보다 임팩트가 부족하거나 표현하고 싶은 매력이 잘 전달되지 않는다고 느껴질 때가 있다. 카메라나 스마트폰 렌즈를 통해서 보여줄 경우에는 렌즈 너머 매력적으로 보이도록 판단해야 한다. 아이템의 위치를 바꾸거나 냅킨도 일부러 흐트러뜨리는 스타일링을 할 필요가 있으며, 실제 테이블 코디네이트의 배치와는 다르다.

여기서는 P.183의 티타임용 테이블 코디네이트를 인스타그램용으로 응용해보았다. 인스타그램에서는 정방형으로 바로 위에서 내려다본 구도(부감)가 인기다. 이 앵글은 평소에 보는 시각과는 눈높이가 다르기 때문에 신선하게 느껴진다.

티푸드를 제대로 보여주기 위해 「ARAS(에이라스)」의 대접시와 중접시로 만든 2단 케이크스탠드에서 윗접시를 뒤로 밀었다. 테이블 코디네이트에서는 적당한 간격이 필요하지만, 그대로 부감으로 찍으면 오른쪽 사진처럼 심심한 이미지가 된다. 그래서 테이블플라워는 바짝 붙이고, 냅킨은 흐트러뜨리고, 커틀러리는 접시에 올려놓았다. 정사각형 프레임 안에 다양한 요소를 담으면 즐거움이 잘 전달된다. 테이블 코디네이트와 스타일링의 차이, 물건을 보는 시각의 차이를 알면 인스타그램도 잘 활용할 수 있다.

P.183의 티타임용 세팅. 이 배치 그대로 부감으로 촬영하면, 위의 사진처럼 조금 심심한 느낌이 든다.

인스타그램용으로 응용한 샘플. 케이크스탠드와 꽃을 가깝게 모으고, 플레이트 위에 커틀러리와 디저트를 올려놓는 등, 정사각형 프레임 안에 다양한 요소를 배치하여 재미있는 이미지로. 협찬 / ARAS(이시카와 수지공업 주식회사)

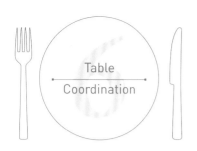

Table
Coordination

테이블 코디네이트에서 꽃의 역할은 중요하다. 임팩트 있는 진한 분홍색 달리아 어레인지먼트와 프랑스 리모주를 대표하는 자기 브랜드 「베르나르도」의 플레이트를 조합해, 모던함 속에 화려함이 표현되도록 코디네이트하였다. 과감한 꽃무늬가 그려진 「인 블룸」 컬렉션은 젊은 아티스트 제머 펠레드(Zemer Peled)와 콜라보레이션한 것이다.

회색 리넨 테이블클로스에 남색 플레이스 플레이트, 디너 플레이트, 디저트 플레이트를 겹쳐 놓고, 커틀러리는 「크리스토플」 시리즈

크고 개성적인 꽃이 만들어내는 예술적인 테이블

에서 손잡이가 깔끔한 「콩코드」와 「오리진」을 선택하였다.

개성적인 플레이트의 박력에 뒤지지 않도록, 글라스는 「리델」에서 스타일리시하고 모던한 「소믈리에 블랙 타이」 시리즈의 샴페인 글라스를 선택하였다.

화기는 스테인리스 캔들스탠드에 플로랄폼을 세팅하고, 반복규칙으로 달리아를 어레인지하였다. 자연스러운 꽃 모티브의 화려함과, 그 반대에 있는 스테인리스의 차가운 이미지를 융합한 코디네이트이다.

식기 협찬 / 베르나르도 재팬 주식회사
• 인 블룸(플랫 플레이트/디너 플레이트/
  디저트 플레이트/빵 플레이트)
커틀러리 협찬 / 크리스토플 호텔 오쿠라 도쿄점
• 콩코드 6인용 커틀러리 세트(24피스)
• 오리진 디저트 나이프 & 포크
• 베르티고 솔트 & 페퍼
글라스 협찬 / 리델 재팬
• 소믈리에 블랙 타이 빈티지 샴페인
• 디캔터 지라프

Table
Coordination

크고 개성적인 꽃이 만들어내는
예술적인 테이블

테이블 코디네이트의 아이디어와 세팅방법

테이블웨어

베르나르도의 개성적인 식기
인 블룸을 사용한다

테마

크고 개성적인 꽃을 테마로

콘셉트

화려하고 스타일리시하게
코디네이트한다

테마 컬러

회색 & 파란색,
진한 분홍색을 악센트 컬러로

코디네이트

인 블룸에 못지않은 존재감을 지닌
다양한 아이템과 격식의 조합

세팅
스테인리스 화기와 꽃의 반복으로
모던한 이미지로.
꽃의 화려함을 강조

RULE 3
개인공간과 공유공간을
명확하게 나눈다
테이블플라워를 중앙에 가로
로 나란히 놓아 강약을 준다.

기본 6W1H

Who	나
With whom	사적으로나 공적으로 사이 좋은 여성 경영자들
Why	친목을 다진다

RULE 9
반복하여 모던한 이미지를 준다
화기와 꽃을 반복하여 모던&스타일
리시하게.

RULE 10
격식과 양식(스타일)에 맞춰 믹스&매치한다
메인 플레이트에 잘 어울리는 격식과 개성 있는 아이
템으로 통일감을 준다.

When	주말 런치	How	착석
Where	집의 다이닝룸		
What	전채, 메인, 디저트 등 3코스 프렌치 요리		

1인 세팅

인 블룸 컬렉션으로 코디네이트. 커틀러리는 크리스토플 오리진 시리즈의 디저트 나이프＆포크, 콩코드 테이블 나이프＆포크를 선택하였다. 글라스는 플레이트에 검은색을 배치한 리델의 소믈리에 블랙 타이 시리즈 샴페인 글라스이다.

인 블룸 컬렉션은 아이템에 따라 무늬와 파란색의 배분이 다른 점이 매력이다. 사진은 메인요리용 디너 플레이트. 맨 위 사진에서 디저트 플레이트를 뺀 상태이다.

프레젠테이션 플레이트로 플랫 플레이트를 1장 놓고 손님을 맞이해보자.

Table Coordination

크고 개성적인 꽃이 만들어내는
예술적인 테이블

커틀러리 세팅

다른 시리즈를 굳이 같이 세팅하는 경우에는
격식을 맞추는 것이 필수. 여기서는 코디네이
트 콘셉트에 맞는 군더더기 없고 심플 & 모던
한 크리스토플 제품을 선택하였다. 플레이트
와 커틀러리 모두 프랑스의 유서 깊은 브랜드
이기 때문에, 커틀러리는 프랑스 스타일로 엎
어놓고 세팅하였다.

케이스에 넣은 커틀러리

크리스토플의 콩코드는 스테인리스 소재 커
틀러리 케이스에 테이블 나이프, 포크, 스푼
각 6개, 티스푼 6개, 총 24개를 넣는다. 케
이스에 깔끔하게 들어가고, 표면이 거울처럼
비추는 아름답고 세련된 디자인은 대화의 소
재로도 좋은 역할을 한다.

Variation!

프레젠테이션 플레이트만으로도
인상적이다

테이블플라워

스테인리스 소재의 캔들스탠드를 화기로 사용하였다. 가운데 3개는 높은 화기를, 양옆 2개는 낮은 화기를 선택해 반복적으로 정렬했다. 달리아와 파부초 잎은 심플하지만, 진한 분홍색이어서 이미지가 화려하다. 플레이트의 무늬와도 연결된다.

Flower & Green
달리아, 파부초

Table
Coordination

크고 개성적인 꽃이 만들어내는
예술적인 테이블

제대로 서비스를 받을 수 있는 레스토랑에서는 처음에 프레젠테이션 플레이트와 빵 플레이트만 준비되고, 커틀러리는 요리에 맞게 매번 세팅되는 경우가 많다.
가정에서는 P.191에서 소개한 것처럼 케이스에 담긴 커틀러리를 테이블에 놓고, 손님이 커틀러리를 꺼내 사용하는 스타일도 좋다.
서로 잘 아는 사람들과의 모임에서는 스마트한 방법이라고도 할 수 있다.

테이블웨어 협찬 / 아틀리에 준코
• 장 루이 코케 「헤미스피어」 메탈릭핑크 프레젠테이션 플레이트
• 존 드 크롬 「아귀레」 디저트 플레이트 / 데미타스 커피컵 & 소서
• 아틀리에 준코 글라스 피처 소피 레몬 / 트레이 글라스 오벌 레몬 / 캔들스탠드 5홀더

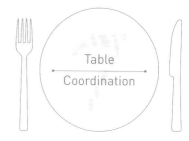
여성 손님을 초대한 식사 모임에는 캔들을 켜고 우아한 식기를 선택한다. 고급스럽고 우아한 시간을 보내기 위한 테이블 코디네이트이다.

선택한 식기는 프랑스 리모주 자기 브랜드 「장 루이 코케」와 「존 드 크롬」의 제품이다. 그레이시한 색감으로 고급스러움이 돈보인다. 프레젠테이션 플레이트 위에는 골드 림의 유리 플레이트와 글라스를 겹쳐 힘을 뺀 자연스러움을 만든다. 아이템이 많은 코디네이트에서는 유리 소재로 자연스러운 느낌을

캔들로 고급스럽고 우아한 손님 접대를

만들면 인상이 세련되어진다. 「아틀리에 준코」의 화려한 트레이나 유리 피처를 조합하면 자연스럽고 우아한 코디네이트가 된다. 중앙에 볼륨 있는 캔들스탠드를 두었으므로, 테이블플라워는 그 양쪽으로 작은 글라스에 어레인지하여 세팅. 보라색 장미의 우아함이 더욱 돈보인다. 리넨 소재의 냅킨은 냅킨홀더를 사용해 크고 볼륨감 있게 접으면 이미지가 화려해진다. 캔들에 불을 밝히면서 식사를 시작한다.

Table Coordination

캔들로 고급스럽고 우아한 손님 접대를

테이블 코디네이트의 아이디어와 세팅방법

테마 캔들을 밝히고 우아하게 대접한다

콘셉트 우아함이 느껴지는 아이템으로
고급스러운 시간을 연출한다

테이블웨어 5홀더 캔들스탠드를 센터피스로 사용한다

테마 컬러 그레이 & 그레이시핑크

코디네이트 장 루이 코케와 존 드 크롬의 식기를
메인으로 사용하여 격식을 맞추고
우아하게 연출한다

세팅 높낮이를 다르게 구성하고,
전체적으로 흐르는 듯한 곡선을 만든다

RULE 5

겹쳐 놓기를 즐긴다
프레젠테이션 플레이트에 유리 식기를
겹쳐 놓아 자연스러운 느낌을 낸다.

기본 6W1H

Who	나
With whom	우아한 여성들
Why	고급스러운 만남

RULE 1

테마·콘셉트를 명확하게 한다
아틀리에 준코의 캔들스탠드를 상징적인 센터피스로 사용한다.

RULE 4

테이블에 높낮이 차이를 만든다
센터피스나 디저트 코너를 세팅하여 전체적으로 움직임을 표현한다.

When	주말 디너	How	착석
Where	집의 다이닝룸		
What	전채 2종, 메인, 치즈, 디저트 등 프렌치 요리 코스		

1인 세팅

그레이시핑크의 프레젠테이션 플레이트를 중
심으로 코디네이트한다. 유리 플레이트와 글
라스를 겹쳐 전체적으로 여성스러운 곡선을
살려 세팅한다. 커틀러리도 장미가 그려진 우
아한 실버를 선택한다. 냅킨홀더도 아틀리에
준코의 골드 내추럴 모티브를 선택해 우아함
을 살린다.

피처와 디캔터

은거울로 마감한 트레이에 커팅이 들어간 디캔터와
아틀리에 준코의 유리 피처를 세팅하였다. 「바카라
(Baccarat)」의 볼은 음료에 넣을 생딸기를 담는 용
도로 세팅하였다.

Table
Coordination

캔들로 고급스럽고
우아한 손님 접대를

테이블 플라워

자그마한 핸드메이드 글라스에 유칼
립투스와 정원에서 꺾은 풀고사리를
같이 꽂으면 보랏빛 장미와 유칼립투
스가 돋보인다. 보라색은 우아한 색의
대명사. 소량의 꽃으로도 존재감이 충
분하다.

Flower & Green

장미, 리시안셔스, 유칼립투스,
풀고사리

캔들스탠드

센터피스에는 코디네이트 테마를 상
징하는 5홀더의 금속 캔들스탠드를
놓는다. 철제 다리의 곡선이 우아한
아이템이다.

디저트 코너

테이블 오른쪽에 만든 디저트용 코너. 존 드 크롬 「아길레」 시리즈의 디저트 플레이트를 겹쳐 놓고, 같은 시리즈의 에스프레소컵＆소서를 유리 트레이에 높낮이 차이와 입체감을 주어 세팅하면 프레젠테이션 효과가 높아진다. 디저트로 카눌레는 돔 형태의 덮개가 있는 유리 식기에 담는다.

Table
Coordination

캔들로 고급스럽고
우아한 손님 접대를

Variation!

겹쳐 놓는 플레이트를 바꾸어 중후함을 살린다

장 루이 코케의 프레젠테이션 플레이트는 그대로 사용하고, 유리 플레이트와 글라스 대신에 실버 림의 디너 플레이트와
존 드 크롬의 디저트 플레이트를 겹쳐 놓은 샘플. 각기 다른 브랜드이지만, 컬러톤과 소재감을 조합하면 위화감 없이 조화롭다.
P.194에 비해 색감은 무거워졌지만 중후함은 더해졌다.

중후함이 더해진 만큼 냅킨도 좌우
대칭으로 접는다. P.194에 비해 빈
틈 없는 정돈된 이미지를 준다.

테이블 코디네이트와 디스플레이의 차이

디스플레이란 「진열·전시하다」를 의미하며, 특별히 정해진 상품 등을 효과적으로 배치하는 것을 말한다. 상품 이외의 비품이나 프롭스(연출소품)는 상품이 좀 더 돋보이도록 장식하는 것이 원칙이다.

테이블 디스플레이는 쇼룸이나 백화점 진열, 판매촉진용 테이블에서 볼 수 있듯이, 어떻게 쉽게 손님의 눈에 띄고, 팔고 싶은 상품이 명확하게 전달되는지가 요구된다. 무엇을 이야기하고 싶은지, 그 목적에 따른 배치나 스타일링 방법이 있다. 그렇기 때문에 실제로 식사를 위한 코디네이트의 배치와는 다르다.

여기서는 P.196의 테이블 코디네이트를 디스플레이용으로 바꾼 샘플을 소개한다. 「존 드 크롬」의 「아길레」 디저트 플레이트와 데미타스 커피컵&소서, 「아틀리에 준코」의 유리 트레이와 유리 피처가 눈에 띄도록 우선 순위를 매겨서 놓았다.

테이블 코디네이트에서는 전체가 아름답고 조화를 이루도록 배치하기 때문에 어느 한 아이템이 눈에 띌 필요가 없다. 그에 비해 디스플레이의 샘플에서는 데미타스 커피컵&소서가 눈에 띈다. 이것의 수를 보여주는 것과 더불어, 손잡이 부분으로 움직임을 만들어내 존재감을 표현하였다. 또한 실제로 식사할 때는 등장하지 않는 영문서적 등을 소품으로 사용해 높이감을 주고, 상품의 질감이 돋보이게 하였다.

P.196의 테이블 코디네이트에서 사용한 디저트 플레이트, 데미타스 커피컵&소서, 유리 트레이, 유리 피처를 디스플레이용으로 바꾸어 배치하였다.

아이템에 우선 순위를 부여해 데미타스 커피컵&소서의 존재감을 드러낸 디스플레이 샘플.
협찬 / 아틀리에 준코

Epilogue – Special Thanks! –

『테이블 코디네이트의 아이디어와 기술』제작을 위해 이번에도 많은 분들이 도움을 주신 것에 마음을 다해 감사의 말을 전합니다.

훌륭한 식기를 협찬해주신 각 브랜드의 담당자와 관계자 여러분께도 진심으로 감사드립니다.

그리고 이 기획을 준비해준 성문당신광사(誠文堂新光社)의 나카무라 토모키 씨, 기획한 후 약 1년간 편집자 미야와키 토우코 씨, 디자이너 카와하라 아키코 씨, 포토그래퍼 노무라 마사하루 씨와 함께 좋은 책을 만들기 위해 오랜 시간 상의하고 시행착오를 거듭해가며 실험적 촬영을 통해 이 책을 완성하였습니다. 많은 사람들의 생각, 소망, 열정이 가득 담긴 책 한 권이 되어 말로 표현할 수 없을 만큼 고마운 마음으로 가득합니다.

이 책을 찾아주신 분들께도 그 인연에 감사드립니다. 마음에 남는 책이 되길 바라며.

하마 유코

- 유한회사 아사다 칠기공예(옻칠기 아사다) ★
  石川県加賀市山中温泉菅谷町ハ 215
  Tel：0761-78-4200
  E-mail：asada@kaga-tv.com
  http：//www.uruwashikki.com

- 아틀리에 준코 이세탄신주쿠점 ★
  東京都新宿区新宿 3-14-1
  伊勢丹新宿店本館 5 階
  Tel：03-3352-1111(대표전화)
  E-mail：support@atelier-junko.com
  http：//www.atelier-junko.com

- ARAS / 이시카와 수지공업 주식회사
  石川県加賀市宇谷町タ 1-8
  Tel：0761-77-4556
  E-mail：info@plakira.com
  https：//aras-jp.com/

- M.STYLE / 미야자키 식기 주식회사
  東京都台東区上野 7-2-7 SA ビル
  Tel：03-3844-1014
  E-mail：m-style@mtsco.co.jp
  http：//www.mtsco.co.jp/

- 에르퀴 레이노 아오야마점 ★
  東京都港区北青山 3-6-20 KFI ビル 2F
  Tel：03-3797-0911
  E-mail：raynaud@housefoods.co.jp
  https：//housefoods.jp/shopping/ercuis-raynaud/

- KISEN/유한회사 요츠가와 제작소
  富山県高岡市金屋町 7-15
  Tel：0766-30-8108
  E-mail：info@kisen.jp.net
  https：//www.kisen.jp.net/
  https：//kisen-ec.myshopify.com/(온라인숍)

- 크리스토플 호텔 오쿠라 도쿄점 ★
  東京都港区虎ノ門 2-10-4
  オークラプレステージタワー 4F
  Tel：03-3588-3300
  E-mail：info@christofle-hotelokura.jp
  http：//www.christofle-hotelokura.jp/

- secca inc.(주식회사 유키하나)
  石川県金沢市昭和町 12-6 6F
  Tel：076-223-1601
  E-mail：info@secca.co.jp
  http：//secca.co.jp/(온라인숍)

- 베르나르도 재팬 주식회사
  東京都渋谷区渋谷 4-1-18
  Tel：03-6427-3713
  E-mail：samano@bernardaud.com
  https：//www.bernardaud.com/jp

- jokipiin pellava / aulii(주식회사 웨스트코스트)
  大阪府大阪市浪速区大国 3-8-22
  Tel：06-6710-9112
  E-mail：info@aulii-m.net
  https：//aulii-m.shop-pro.jp/(온라인숍)

- 리델 아오야마 본점 ★
  東京都港区南青山 1-1-1
  青山ツインタワー東館 1F
  Tel：03-3404-4456
  E-mail：rwb-aoyama@riedel.co.jp
  https：//www.riedel.co.jp/shop/aoyama/

하마 유코 HAMA YUKO

플라워＆식공간 코디네이터. 플라워 인테리어 테이블 코디네이트를 비롯해 식공간 프로듀스 및 컨설팅, 이벤트, 광고 등을 기획하고 연출하고 있다. 꽃이 있는 삶, 생활공간을 아트화하는 것을 콘셉트로 하는〈꽃생활공간〉을 운영하고 있다. 자택 아틀리에에서 테이블 코디네이트 강좌 등을 개최하고 세미나, 강연, 집필, TV 출연 등의 활동도 한다. 저서로는『일본의 테이블세팅』,『옻칠 식기가 있는 테이블 세팅』,『손님초대＆모둠 핑거푸드 200』,『차와 화과자 테이블 12개월』,『일식기의 기본 개정판』,『양식기의 기본』,『일본식기로 차리는 2인 식사 테이블 코디네이트』[이상 성문당신광사(誠文堂新光社)],『칭찬 레시피와 손님초대 수업』(KADOKAWA) 외 다수. NPO 법인 식공간코디네이트협회 부이사장, 인증강사이다.

꽃생활공간
https://www.hanakukan.jp/
E-mail:info@hanakukan.jp
TEL:03-3854-2181

테이블 코디네이트의 아이디어와 기술

펴낸이 유재영 　　|　　**기 획** 이화진
펴낸곳 그린쿡 　　|　　**편 집** 나진이
지은이 하마 유코 　|　　**디자인** 임수미
옮긴이 용동희

1판 1쇄 2022년 9월 5일

출판등록 1987년 11월 27일 제10 - 149
주소 04083 서울 마포구 토정로 53(합정동)
전화 02 - 324 - 6130, 324 - 6131
팩스 02 - 324 - 6135
E - 메일 dhsbook@hanmail.net
홈페이지 www.donghaksa.co.kr
　　　　　 www.green - home.co.kr
페이스북 www.facebook.com/greenhomecook
인스타그램 www.instagram.com/__greencook

ISBN 978-89-7190-838-9 13590

TABLE COORDINATE NO HASSOU TO GIHOU
© YUKO HAMA 2021
Originally published in Japan in 2021 by Seibundo Shinkosha
Publishing Co., Ltd., TOKYO.
Korean Character translation rights arranged with Seibundo Shinkosha
Publishing Co., Ltd., TOKYO, through TOHAN CORPORATION, TOKYO, and
EntersKorea Co., Ltd., SEOUL.
Korean translation copyright © 2022 by Donghak Publishing Co., Ltd.

일본어판 스태프　촬영_SEIJI NOMURA, TOMOYUKI SASAKI(P.134~143), KENJI
KUSAKABE(P.13 아래, P.15, P.17, P.18), KENICHI FUJIMOTO(P.14 아래, P.16, P.19),
SYABAKO KOBAYASHI(P.170)

용동희 옮김
다양한 분야를 넘나들며 활동하는 푸드디렉터. 메뉴개발, 제품분석, 스타일링 등 활발한 활동을 이어가고 있다. 현재 콘텐츠 그룹 CR403에서 요리와 스토리텔링을 담당하고 있으며, 그린쿡과 함께 일본 요리책을 한국에 소개하는 요리 전문 번역가로도 활동하고 있다.